조리사가 꼭 알아야 할

단체급식

한혜영 · 박인수 · 박재연
여운승 · 이가은 · 정헌정

Institutional
FOOD SERVICE

 (주)백산출판사

머리말

단체급식은 가정 외에서 조리 가공된 음식을 만들어 상품화하여 제공하는 식생활 전체를 의미하며, 국민들의 건강에 지대한 영향을 줍니다.

현대사회가 발전하여 고도로 조직화, 산업화되어감에 따라 식생활에 많은 변화가 발생되어 외식업소, 단체급식소에 의존하는 경향이 늘고 있으므로 위생관리는 매우 중요한 요소이며, 식품영양의 질적 향상이 되어야 합니다.

시장조사를 통한 메뉴구성을 하여 급식자의 만족도를 높이는 등 메뉴관리가 계획되어야 합니다.

단체급식에 종사하는 조리사의 업무는 대량조리이므로 소량조리와 조리방법이 다르기 때문에 기계 설비 등의 사용방법을 숙지하고 위생적으로 안전하게 다양한 메뉴를 맛있게 조리하여야 하며, 계절 식재료의 사용하여 원가를 절감하며 인건비 관리 등 원가관리도 하여야 합니다.

현재까지 조리사를 위한 단체급식 책이 없어 공부에 어려움이 있음을 안타깝게 생각하던 중 우리 학생들에게 산업현장에 적합한 인적자원 양성에 도움이 되는 전문서가 될 것으로 생각하며, 단체급식 조리능력 향상에 길잡이가 될 것으로 믿습니다.

조리학문 발전을 위해 노력하신 많은 선배님들께 감사드리며, 늘 배려를 아끼지 않으시는 (주)백산출판사 사장님 이하 직원분들께 머리 숙여 깊은 감사를 드립니다.

조리인이여~~

넓은 세상을 보고 많은 꿈을 꾸며, 희망을 가지고 남달리 노력하면 소망과 꿈은 이루어지리라 생각합니다.

대표저자 한혜영

CONTENTS

05 단체급식의 운반 및 배식관리

06 단체급식의 메뉴관리

07 단체급식의 생산관리

08 단체급식의 원가관리

09 단체급식의 표준레시피 관리

01

단체급식
개론

① 단체급식개론

1. 단체급식의 정의

　단체급식은 특정 다수인에게 계속적으로 식사를 공급하는 것이며 일반적으로 급식대상자에 따라 학교, 산업체, 병원, 사회복지시설 등의 급식으로 분류한다. 국민의 영양 개선 및 건강 증진에 기여하며 자원을 효율적으로 관리하여 경제적으로 성과를 올릴 수 있어야 한다.

　급식산업이란 가정 외에서 조리 가공된 음식을 만들어 상품화하여 제공하는 식생활 전체를 의미하며 가정 외의 장소에서 상업성 또는 비상업성 목적으로 고객에게 식사와 이를 위한 서비스를 제공하는 업종이라고 정의되고 이윤이 있는지 없는지에 따라 상업성 급식과 비상업성 급식으로 나눌 수 있다.

◈ 비상업성 단체급식

　비상업성 단체급식에는 영유아식보육시설 및 유치원급식, 학교급식, 기숙사급식, 병원급식, 산업체급식, 공장급식, 아동노인사회복지시설 급식, 운동선수 합숙소급식, 군대급식, 교정시설 급식 등이 있다.

　식품위생법 제2조 제12항에서 집단급식소에 대해 "영리를 목적으로 하지 아니하면서 특정 다수인에게 계속하여 음식물을 공급하는 기숙사, 학교, 병원, 사회복지시설, 사업체, 국가지방 자치단체 및 공공기관, 그 밖의 후생 기관 등의 급식시설로서 대통령령이 정하는 시설을 말한다"라고 정의한다. 그리고 급식의 범위는 "1회 50명 이상에게 식사를

제공하는 급식소를 말한다."라고 규정한다.

식품위생법에서는 대통령령이 정하는 집단급식소의 운영자는 대통령령이 정한 바에 의해 영양사와 조리사를 채용하도록 정하고 있으나 1회 급식인원이 100명 미만인 산업체인 경우는 제외하고 있으며, 한사람이 영양사와 조리사면허를 다 가지고 있다면 영양사와 조리사를 각각 채용하지 않아도 된다.

⬇ 상업성 단체급식

상업성 단체급식에는 일반 음식점, 패스트푸드점, 휴게 음식점, 출장 및 도시락업, 항공기 급식(기내식), 호텔 및 숙박시설 식당, 스포츠 시설 및 휴양지 식당, 교통기관 식당, 자동판매기 등이 있다.

2. 단체급식의 목적

⬇ 영양개선 및 건강증진

영유아 보육시설에서 급식을 먹기 시작하여 유치원, 초등학교, 중학교, 고등학교, 대학교를 다니는 동안 적어도 하루에 한끼는 급식을 하게 되고 직장인이 되면 직장급식을 하며, 남자의 경우는 군대급식을 하게 되고, 상황에 따라 병원급식이나 요양급식을 경험하게 되며 사회복지시설급식을 경험하기도 하는데 이러한 급식은 국민들의 건강에 지대한 영향을 미친다. 특히 성장기의 어린이와 청소년에게는 정신적, 육체적으로 성장이 왕성하고 식습관 형성에 중요한 시기이므로 적절한 식사를 섭취할 수 있도록 영양지도가 이루어져야 한다.

⊗ 식비 경감

식재료를 대량구매하여 전문조리사가 대량조리하여 서비스를 하므로 가정에서 식재료를 구매하여 조리하는 비용보다 저렴한 가격에 질 좋은 식사를 제공하고 식비부담을 줄일 수 있으며 제철 재료를 사용하여 다양한 메뉴를 골고루 섭취할 수 있다.

⊗ 사회복지

스스로 식사를 준비할 수 없는 아동 및 노인복지 시설 등에서 식사를 제공함으로써 영양충족을 시키며 사회성을 함양시킨다.

② 급식제도

급식제도란 급식을 위해 세부업무 간의 유기적인 시스템을 말한다. 단체급식은 사회변화와 경제적 성장과 함께 급식시설 및 기기의 발전으로 급식운영의 변화를 가져왔다. 급식시스템은 특정 상황에 맞게 운영방법이 달라지지만 양질의 음식을 제공하고 합리적인 가격으로 조직이 이익을 얻을 수 있도록 하는 것이 공동의 목적이다.

1. 전통적 급식시스템(Conventional Foodservice System)

전통적 급식시스템은 초기부터 많은 급식을 실시하는 기관에서 전통적으로 사용해온 급식형태이다. 음식의 생산, 분배, 서비스가 모두 같은 공간에서 연속적으로 이루어져 준비와 배식 사이의 시간이 짧고 음식을 만들자마자 따뜻하게 또는 차게 유지하기 위하여 온장 및 냉장보관하고 단시간에 빨리 제공된다.

2. 중앙공급식 급식시스템(Commissary Foodservice System)

가까운 곳에 있는 여러 급식소를 묶어서 공동조리실에서 대량으로 음식을 생산하여 급식소로 운송하여 약간의 재가열 과정 등을 거친 후 음식의 배선과 배식이 이루어지는 방식이다. 중앙공급식 급식시스템은 비조리학교, 체인 레스토랑, 자동판매기 회사, 기내식의 경우 이 시스템을 이용한다.

이 시스템은 식재료의 대량구입으로 식재료비를 절감하고 음식의 질과 양을 표준화할 수 있으며 관리가 효과적이지만 생산 장소와 배식장소가 분리되어 있고 생산 후 배식되기까지 어느 정도의 시간이 소요되므로 음식에 미생물적 문제와 관능적 품질의 수준이 저하될 수 있다. 생산한 음식은 대량으로 운반을 해야 하기 때문에 적정 온도가 유지되는 기구와 운반차량이 필요하며 운반 시 요구되는 날씨, 교통사정 등을 고려하여야 한다.

3. 조리저장식 급식시스템(Ready Prepared Foodservice System)

음식을 만들어 바로 배식을 하는 것이 아니라 저장하기 위해 생산하며, 일정기간 동안 냉장, 냉동저장한 후 배식하고자 할 때 간단한 열처리를 거친 후 배식이 되는 시스템이다.

조리과정이 복잡한 경우나 여러 가지 메뉴를 생산할 수 없는 경우에 이 시스템을 이용하여 음식을 미리 만들어 저장함으로써 다양한 메뉴를 제공할 수 있으며 급식대상자의 만족도를 향상시킬 수 있다. 중앙공급식 시스템과 비교하면 운반에 대한 걱정과 기다릴 필요 없이 바로 이용이 가능하다.

우수한 질의 급식을 위해서는 냉장. 냉동고, 재가열을 위한 대류형 오븐(convection oven) 등의 조리기기와 돌풍냉각기, 텀블 칠러와 같은 냉각설비, 포장기계 등이 필요하다.

4. 조합식 급식시스템(Assembly Foodservice System)

완전히 조리된 음식을 식품회사로부터 구입하여 음식을 녹이거나 데우는 최소한의 조리만하는 급식제도로 편이식 급식시스템 또는 최소 조리 콘셉트라고도 한다.

급식소에서 조리작업이 필요 없는 급식시스템이므로 주방시설이 없는 상태에서도 단체급식이 가능하며, 노동비용을 최소한으로 줄이는 데 목적이 있다. 연료비 등의 관리비도 적게 들고 음식의 질과 분량통제가 철저하여 낭비가 거의 없다. 하지만 급식대상자의 영양필요와 식성에 따라 음식이 제공되어야 하는데 일률적으로 만들어진 음식을 제공하게 되므로 병원급식과 같이 특별한 영양요구를 필요로 하는 경우에는 적합하지 않다. 식재료를 가공하거나, 반가공하여 냉동상태 등에서 구입해 저장하여 급식이 이루어지기 때문에 저장시설이 필요하며 구입단가가 높다.

③ 단체급식 종사자

1. 영양사

영양사는 급식운영에 필요한 모든 업무를 관리하는 급식관리자이다. 급식소에서 일어나는 모든 업무와 급식업무에 종사하는 조리종사원을 지도 감독할 수 있는 능력과 자질을 갖추어야 한다.

대한영양사협회에서는 영양사를 '질병예방과 건강증진을 위해 급식관리 및 영양서비스를 수행하는 전문인'이라고 정의하고 있다.

식품위생법 시행규칙 44조에 의하면 영양사는 ① 식단작성, 검식 및 배식관리, ② 구매식품의 검수 및 관리, ③ 급식시설의 위생적 관리, ④ 집단 급식소의 운영일지 작성, ⑤ 조리종사원에 대한 영양 및 위생에 관한 교육의 직무를 수행해야 하며, 1년에 10시간의 보수교육을 받아야 한다(식품위생법시행규칙 제50조).

 영양사의 직무

- 급식운영의 계획 수립 및 평가
- 식단작성
- 식재료의 구매, 검수, 저장관리
- 검식 및 배식관리
- 급식시설의 위생적 관리 및 안전관리

- 원가관리
- 대량조리 관리
- 영양지도 및 위생교육 등의 인적자원관리
- 급식시설의 설비관리
- 운영일지 등 사무관리

2. 영양교사

영양교사는 2003년 학교급식법과 초, 중등교육법이 개정되면서 도입되었으며, 2006년 개정된 학교급식법의 초, 중등교육법 시행령 제40조 3항(영양교사의 배치 기준)에 의거하여 모든 학교에서 1명의 영양교사를 두어야 한다.

1 영양교사는 '초 · 중등교육법' 영양교사 자격기준에 해당하는 사람으로서, 대통령령으로 정하는 바에 따라 교육부장관이 검정 · 수여하는 자격증을 받은 사람이어야 한다(초 · 중등교육법 제21조).

2 초 · 중등교육법에 규정된 교사에는 정교사(1급 · 2급), 준교사, 전문상담교사(1급 · 2급), 사서교사(1급 · 2급), 실기교사, 보건교사(1급 · 2급) 및 영양교사(1급 · 2급) 등이 있다.

3 영양교사는 식단 작성, 식재료의 선정 및 검수, 위생 · 안전 · 작업관리 및 검식, 식생활 지도, 정보 제공 및 영양상담, 조리실 종사자의 지도감독 기타 학교급식에 관한 업무를 총괄한다.

4 영양교사는 특수학교 · 초등학교 · 중등학교 등에 있으며, 학력 또는 경력에 따라 1급과 2급으로 구분된다.

3. 비상업성 단체급식의 조리종사원

식품위생법 제34조에 의거하여 대통령령이 정하는 식품접객영업자와 집단급식소의 운영자는 조리사를 두어야 한다.

한식조리기능사, 양식조리기능사, 일식조리기능사, 중식조리기능사, 복어조리기능사 등의 자격증을 취득하고 시, 군, 구청장의 면허를 받은 자로 조리사는 조리 및 음식서비스 종사자에 속한다.

조리사의 직무

- 식재료의 구매, 검수, 저장관리
- 메뉴관리
- 대량조리 계획
- 식단에 따라 식재료 손질, 조리
- 조리한 음식 그릇에 담기
- 조리에 사용한 그릇 세척
- 작업장소 청소 및 정리
- 배식

4. 상업성 단체급식의 조리종사원

상업성 단체급식 조리사는 영양사가 하는 업무와 비상업성 단체급식의 조리종사원이 하는 업무를 모두 수행한다고 보는 것이 바람직하다.

 조리사의 직무

- 급식운영의 계획수립 및 평가
- 식단작성 메뉴관리
- 식재료의 구매 · 검수 · 저장관리
- 검식 및 배식관리
- 급식시설의 위생적 관리 및 안전관리
- 원가 관리
- 대량조리 관리
- 급식 시설의 설비관리
- 종사원 인적자원 관리
- 사무관리
- 식단에 따른 식재료 손질 · 조리
- 조리한 음식 그릇 선정
- 조리한 음식 그릇 담기
- 조리에 사용한 그릇 세척 및 관리
- 작업장소 청소 및 정리
- 배식

02

단체급식의
위생관리

단체급식의 위생관리의 중요성

현대사회가 발전하여 고도로 조직화되고 산업화되어감에 따라 식생활도 변화되어 외식화 및 서구화되면서 식생활은 급식산업에 의존하는 경향이 늘고 있는데 외식업소, 단체급식소에서의 식중독 발생 건수는 점차 늘어나고 있는 추세이다. 식중독 발생 시에는 많은 수의 환자가 발생하게 되어 환자의 건강과 경제적 손질뿐만 아니라 사회적 신용까지 잃게 되어 막대한 손실이 오게 된다.

우리나라 식품위생법의 목적은 "식품으로 인한 위생상의 위해를 방지하고 식품영양의 질적 향상을 도모하며 식품에 관한 올바른 정보를 제공함으로써 국민보건 증진에 이바지하는 것"이다. 식품위생은 우리나라 식품위생법 제2조 8항에서 "식품위생이라 함은 식품, 첨가물, 기구 또는 용기, 포장을 대상으로 하는 음식에 관한 위생"이라 정의 한다. WHO에서는 "Food hygiene means all measurey for ensuring the safety, wholesomeness, and soundness of food at all stages from its growth, production or manufacture until its final consumption." 즉, "식품위생이란 식품의 재배, 생산, 제조로부터 최종적으로 사람에 섭취되기까지의 모든 단계에 걸친 식품의 안전성, 건전성 및 완전무결성을 확보하기 위한 모든 필요한 수단을 말한다"고 하였다. 이와 같이 식품위생의 범위를 원료의 생산으로부터 최종 소비까지를 대상으로 하였으며 소비자의 입장에서는 완전무결한 식품을 얻을 수 있는 조건을 제시했다는 측면에서 바람직하다. 그러나 정의에서 제시한 식품의 안전성, 건전성 및 완전무결성을 확보할 수 있는 수단은 현실적으로 찾기가 어렵고 완전성을 추구하는 노력 과정으로 이해해야 할 것이다. 식품위생범위를 식품의 재료로 사용하는 농산물, 축산물, 수산물 등의 재배, 수확, 저장, 가공, 수송, 수입, 유통, 판매, 조리, 섭취 등의 모든 단계뿐만 아니라 여기에 관련이 있는 생산자, 가공자, 조리자, 영업자, 판매자, 소비자 등을 포함하여 모든 단계에서 식품이 안전하고 건전해야 함을 강조하였다.

1. HACCP

Hazard Analysis Critical Control Points의 약자로 해썹이라 발음하며 식품안전관리인 증기준으로 통칭하고 있다. HACCP은 위해요소 분석(HA)과 중요관리점(CCP)으로 구성되는데 위해요소 분석이란 "어떤 위해를 미리 예측하여 그 위해요인을 사전에 파악하는 것"을 의미하며, 중요관리점이란 "반드시 필수적으로 관리하여야 할 항목"이란 뜻을 내포하고 있다.

위해요소 분석은 원료와 공정에서 발생가능한 병원성미생물 등 생물학적, 화학적, 물리적 위해요소 분석을 말하며, 중요관리점은 위해요소를 예방, 제거 또는 허용수준으로 감소시킬 수 있는 공정이나 단계를 중점관리하는 것을 말한다. 즉 해썹(HACCP)은 위해 방지를 위한 사전 예방적 식품안전관리체계를 말한다.

결론적으로 해썹(HACCP)이란 식품의 원재료부터 제조, 가공, 보존, 유통, 조리단계를 거쳐 최종소비자가 섭취하기 전까지의 각 단계에서 발생할 우려가 있는 위해요소를 규명하고, 이를 중점적으로 관리하기 위한 중요관리점을 결정하여 자율적·체계적·효율적인 관리로 식품의 안전성을 확보하기 위한 과학적인 위생관리체계라고 할 수 있다.

해썹(HACCP)은 전 세계적으로 가장 효과적이고 효율적인 식품안전관리체계로 인정받고 있으며, 미국, 일본, 유럽연합, 국제기구(Codex, WHO, FAO) 등에서도 모든 식품에 해썹을 적용할 것을 적극 권장하고 있다.

1) HACCP의 7원칙 12절차

　HACCP 관리는 7원칙 12절차에 의한 체계적인 접근방식을 적용하고 있다. HACCP 12절차란 준비단계 5절차와 본 단계인 HACCP 7원칙을 포함한 총 12단계의 절차로 구성되며, HACCP 관리체계 구축절차를 의미한다.

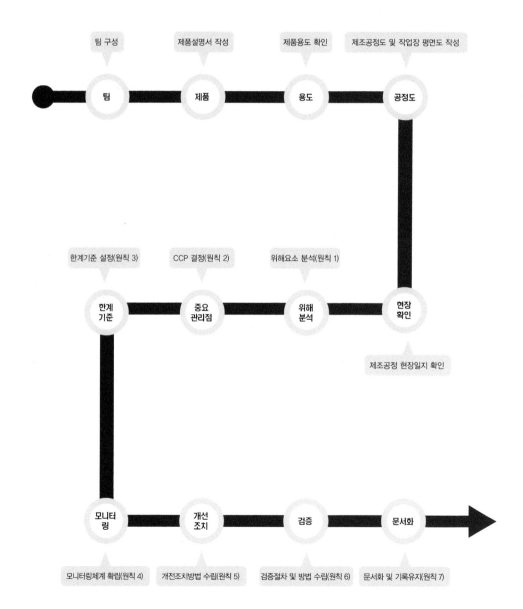

HACCP 관리기준

팀 구성	• 식품 취급과 관련된 담당자(모니터링 담당자 및 위생관리 담당자)의 지정 및 업무분장 → 팀 조직도, 팀원별 업무분장, 인수인계 내용 등
제품설명서	• 영업장에서 취급되는 제품의 상세 내용 → 제품설명서(원 · 부재료, 제품규격, 포장단위, 제품용도, 섭취방법 등 포함)
제조공정도	• 식품을 취급하는 전체 과정(주요 취급 기준 및 방법 포함) → 제조공정도, 공정별 가공방법
작업장 평면도	• 작업장 내 · 외부의 전체적인 평면도 → 작업장 평면도, 작업장 동선도, 시설 · 설비 배치도, 위생설비 배치도, 검사 측정부위 등
위해요소 분석	• 원 · 부재료, 작업자, 작업환경 등에서 기인할 수 있는 식품위해(생물학적, 화학적, 물리적)를 규명하는 과정 → 심각성 평가기준, 발생가능성 평가기준, 위해분석 목록표 등
중요관리점 결정	• 중요관리점 결정도 및 전문가 의견에 따른 식품위해요소를 제어, 예방하는 데 주요하게 관리되어야 할 공정 또는 방법(요소) 등 → 중요관리점 결정도, 중요관리점 결정표
한계기준 설정	• 식품 위해를 규격 내로 관리하기 위한 공정기준(또는 관리기준) → 한계기준 설정 근거
모니터링 방법 설정	• 한계기준의 준수사항을 확인할 수 있는 방법 기준
개선조치 방법 설정	• 중요관리점의 한계기준 이탈 시 올바른 상태로 돌릴 수 있는 방법 기준
검증	• 수립된 선행요건, HACCP 관리기준의 유효성, 적합성을 확인하는 기준 → 검증계획서, 검증 실시 보고서 등
문서화 및 기록 유지	• 선행요건 관리기준, HACCP 관리기준 양식, 점검표 양식 등의 내용 및 보관에 관한 기준
교육 · 훈련	• 전체 작업자, HACCP 팀원, 모니터링 담당자 등의 교육 · 훈련 계획 및 실시 내용에 관한 기준

원칙 1   위해요소 분석

HACCP 관리계획의 개발을 위한 첫 번째 원칙은 위해요소 분석을 수행하는 것이다. 위해요소(Hazard) 분석은 HACCP팀이 수행하며, 이는 제품설명서에서 파악된 원·부재료별로, 그리고 공정흐름도에서 파악된 공정/단계별로 구분하여 실시한다. 이 과정을 통해 원·부재료별 또는 공정/단계별로 발생 가능한 모든 위해요소를 파악하여 목록을 작성하고, 각 위해요소의 유입경로와 이들을 제어할 수 있는 수단(예방수단)을 파악하여 기술하며, 이러한 유입경로와 제어수단을 고려하여 위해요소의 발생 가능성과 발생 시 그 결과의 심각성을 감안하여 위해(Risk)를 평가한다. 위해요소 분석을 위한 첫 번째 단계는 원료별·공정별로 생물학적·화학적·물리적 위해요소와 발생원인을 모두 파악하여 목록화하는 것이 도움이 된다. 위해요소 분석을 수행하기 위한 두 번째 단계는 파악된 잠재적 위해요소(Hazard)에 대한 위해(Risk)를 평가하는 것이다. 파악된 잠재적 위해요소에 대한 위해평가는 위해 평가기준을 이용하여 수행할 수 있다. 위해요소 분석을 수행하기 위한 마지막 단계는 파악된 잠재적 위해요소의 발생원인과 각 위해요소를 안전한 수준으로 예방하거나 완전히 제거, 또는 허용 가능한 수준까지 감소시킬 수 있는 예방조치방법이 있는 지를 확인하여 기재하는 것이다. 이러한 예방조치방법에는 한 가지 이상의 방법이 필요할 수 있으며, 어떤 한 가지 예방조치방법으로 여러 가지 위해요소가 통제될 수도 있다. 예방조치방법은 현재 작업장에서 시행되고 있는 것만을 기재한다.

⊗ 위해요소 분석 절차

❤ 위해요소 분석표

일련 번호	원부자재명/ 공정명	구분	위해요소		위험도평가			예방조치 및 관리방법
			명칭	발생원인	심각성	발생가능성	종합평가	
1		B						
		C						
		P						

❤ B(Biological Hazards) : 생물학적 위해요소

제품명은 식품제조 · 가공업체의 경우 해당 관청에 보고한 해당 품목의 "품목 제조(변경)보고서"에 명시된 제품명과 일치하여야 한다.

❤ C(Chemical Hazards) : 화학적 위해요소

제품에 내재하면서 인체의 건강을 해할 우려가 있는 중금속, 농약, 항생물질, 항균물질, 사용 기준초과 또는 사용 금지된 식품 첨가물 등 화학적 원인물질

❤ P(Physical Hazards) : 물리적 위해요소

원료와 제품에 내재하면서 인체의 건강을 해할 우려가 있는 인자 중에서 돌조각, 유리조각, 쇳조각, 플라스틱조각 등의 위해요소 분석표

원칙 2 중요관리점(CCP) 결정

위해요소 분석이 끝나면 해당 제품의 원료나 공정에 존재하는 잠재적인 위해요소를 관리하기 위한 중요관리점을 결정해야 한다. 중요관리점이란 원칙 1에서 파악된 위해요소를 예방, 제거 또는 허용 가능한 수준까지 감소시킬 수 있는 최종 단계 또는 공정을 말한다.

식품의 제조·가공·조리공정에서 중요관리점이 될 수 있는 사례는 다음과 같으며, 동일한 식품을 생산하는 경우에도 제조·설비 등 작업장 환경이 다를 경우에는 서로 상이할 수 있다.

- 미생물 성장을 최소화할 수 있는 냉각공정
- 병원성 미생물을 사멸시키기 위하여 특정 시간 및 온도에서 가열처리
- pH 및 수분활성도의 조절 또는 배지 첨가 같은 제품성분 배합
- 캔의 충전 및 밀봉 같은 가공처리
- 금속검출기에 의한 금속이물 검출공정 등

CCP를 결정하는 하나의 좋은 방법은 중요관리점 결정도를 이용하는 것으로 이 결정도는 원칙 1의 위해 평가 결과 중요위해(확인대상)로 선정된 위해요소에 대하여 적용한다.

원칙 3 CCP 한계기준 설정

세 번째 원칙은 HACCP팀이 각 CCP에서 취해져야 할 예방조치에 대한 한계기준을 설정하는 것이다. 한계기준은 CCP에서 관리되어야 할 생물학적, 화학적 또는 물리적 위해요소를 예방, 제거 또는 허용 가능한 안전한 수준까지 감소시킬 수 있는 최대치 또는 최소치를 말하며, 안전성을 보장할 수 있는 과학적 근거에 기초하여 설정되어야 한다.

한계기준은 현장에서 쉽게 확인할 수 있도록 가급적 육안관찰이나 간단한 측정으로 확인할 수 있는 수치 또는 특정지표로 나타내야 한다.

식품의 제조·가공·조리공정에서 중요관리점이 될 수 있는 사례는 다음과 같으며, 동일한 식품을 생산하는 경우에도 제조·설비 등 작업장 환경이 다를 경우에는 서로 상이할 수 있다.

- 온도 및 시간
- pH
- 염소, 염분농도 같은 화학적 특성
- 관련서류 확인 등

- 수분활성도(Aw) 같은 제품 특성
- 습도(수분)
- 금속검출기 감도

한계기준을 결정할 때에는 법적 요구조건과 연구 논문이나 식품관련 전문서적, 전문가 조언, 생산공정의 기본자료 등 여러 가지 조건을 고려해야 한다. 예를 들면 제품 가열 시 중심부의 최저온도, 특정온도까지 냉각시키는 데 소요되는 최소시간, 제품에서 발견될 수 있는 금속조각(이물질)의 크기 등이 한계기준으로 설정될 수 있으며, 이들 한계기준은 식품의 안전성을 보장할 수 있어야 한다. 한계기준은 초과되서는 안 되며 양 또는 수준이 상한기준과 안전한 식품을 취급하는 데 필요한 최소량인 하한기준을 단독으로 설정할 수 있다.

예 상한기준의 예 : 금속파편 크기 1.0mm 이하

하한기준의 예 : 주정의 양을 일정량 이상으로 설정

① 한계기준 설정방법

한계기준은 다음 절차에 따라 설정한다.

- 결정된 CCP별로 해당식품의 안전성을 보증하기 위하여 어떤 법적 한계기준이 있는지를 확인한다(법적인 기준 및 규격 확인).
- 법적인 한계기준이 없을 경우, 업체에서 위해요소를 관리하기에 적합한 한계기준을 자체적으로 설정하며, 필요시 외부전문가의 조언을 구한다.
- 설정한 한계기준에 관한 과학적 문헌 등의 근거자료를 유지 보관한다.

② 한계기준 설정 근거자료

- CCP공정의 가공조건(시간, 온도, 횟수, 자력, 크기 등의 조건)별 실제 생산라인에서 반제품, 완제품을 대상으로 하는 시험자료
- 설정된 한계기준을 뒷받침할 수 있는 과학적 근거(문헌, 논문 등) 자료 등

원칙 4 각 중요관리점(CCP)에 대한 모니터링 체계 확립

네 번째 원칙은 중요관리점을 효율적으로 관리하기 위한 모니터링 체계를 수립하는 것이다. 모니터링이란 CCP에 해당되는 공정이 한계기준을 벗어나지 않고 안정적으로 운영되도록 관리하기 위하여 종업원 또는 기계적인 방법으로 수행하는 일련의 관찰 또는 측정수단이다. 모니터링 체계를 수립하여 시행하게 되면 첫째, 작업과정에서 발생되는 위해요소의 추적이 용이하며 둘째, 작업공정 중 CCP에서 발생한 기준 이탈 시점을 확인할 수 있으며 셋째, 문서화된 기록을 제공하여 검증 및 식품사고 발생시 증빙자료로 활용할 수 있다. HACCP팀은 모니터링 활동을 수행함에 있어 연속적인 모니터링을 실시해야 한다. 연속적인 모니터링이 불가능한 경우 비연속적인 모니터링의 절차와 주기(빈도수)는 CCP가 한계기준 범위 내에서 관리될 수 있도록 정확하게 설정되어야 한다. 모니터링 주기 설정 시 작업공정관리에 대한 통계학적 지식이 적용되면 더욱 효과적인 결과를 얻을 수 있다.

모니터링 결과는 개선조치를 취할 수 있는 지식과 경험 그리고 권한을 가진 지정된 자에 의해서 평가되어야 한다. 한계기준을 이탈한 경우에는 신속하고 정확한 판단에 의하여 개선조치가 취해져야 하는데, 일반적으로 물리적·화학적 모니터링이 미생물학적 모니터링 방법보다 신속한 결과를 얻을 수 있으므로 우선적으로 적용된다.

CCP를 모니터링하는 종업원은 해당 CCP에서의 모니터링 항목과 모니터링 방법을 효과적으로 올바르게 수행할 수 있도록 기술적으로 충분히 교육·훈련되어 있어야 한다.

또한 모니터링 결과에 대한 기록은 예/아니오 또는 적합/부적합 등이 아니라 실제로 모니터링한 결과를 정확한 수치로 기록해야 한다.

원칙 5 개선조치 확립

HACCP 계획은 식품으로 인한 위해요소가 발생하기 이전에 문제점을 미리 파악하고 시정하는 예방체계이므로, 모니터링 결과 한계기준을 벗어날 경우 취해야 할 개선조치 방법을 사전에 설정하여 신속한 대응조치가 이루어지도록 해야 한다.

일반적으로 취해야 할 개선조치사항에는 공정상태의 원상복귀, 한계기준 이탈의 영향을 받은 관련식품에 대한 조치사항, 이탈에 대한 원인규명 및 재발방지 조치, HACCP 계획의 변경 등이 포함된다.

원칙 6 검증절차 확립

여섯 번째 원칙은 HACCP 시스템이 적절하게 운영되고 있는지를 확인하기 위한 검증절차를 설정하는 것이다. HACCP 팀은 HACCP 시스템이 설정한 안전성 목표를 달성하는 데 효과적인지, HACCP 관리계획에 따라 제대로 실행되는지, HACCP 관리계획의 변경 필요성이 있는지를 확인하기 위한 검증절차를 설정해야 한다.

검증내용은 크게 두가지로 나뉜다. 즉 ①HACCP 계획에 대한 유효성 평가(Validation), ②HACCP 계획의 실행성 검증이다. HACCP 계획의 유효성 평가라 함은 HACCP 계획이 올바르게 수립되어 있는지 확인하는 것으로 발생가능한 모든 위해요소를 확인·분석하고 있는지, CCP가 적절하게 설정되었는지, 한계기준이 안전성을 확보하는 데 충분한지, 모니터링 방법이 올바르게 설정되어 있는지 등을 과학적·기술적 자료의 수집과 평가를 통해 확인하는 검증의 한 요소이다. HACCP 계획의 실행성 검증은 HACCP 계획이 설계된 대로 이행되고 있는지를 확인하는 것으로 작업자가 정해진 주기로 모니터링을 올바르게 수행하고 있는지, 기준 이탈 시 개선조치를 적절하게 취하고 있는지, 검사 · 모니터링 장비를 정해진 주기에 따라 검 · 교정하고 있는지 등을 확인하는 것이다. 이러한 검증활동은 선행요건프로그램의 검증활동과 병행 또는 분리하여 실시할 수 있다.

 개선조치 방법 설정 시 체크사항

1 이탈된 제품을 관리하는 책임자는 누구이며, 기준 이탈 시 모니터링 담당자는 누구에게 보고하여야 하는가?

2 이탈의 원인이 무엇인지 어떻게 결정할 것인가?

3 이탈의 원인이 확인되면 어떤 방법을 통하여 원래의 관리상태로 복원시킬 것인가?

4 한계기준이 이탈된 식품(반제품 또는 완제품)은 어떻게 조치할 것인가?

5 한계기준 이탈 시 조치해야 할 모든 작업에 대한 기록 · 유지 책임자는 누구인가?

6 개선조치 계획에 책임 있는 사람이 없을 경우 누가 대신할 것인가?

7 개선조치는 언제든지 실행가능한가?

① 검증의 종류

◉ 검증주체에 따른 분류

- 내부검증 : 사내에서 자체적으로 검증원을 구성하여 실시하는 검증
- 외부검증 : 정부 또는 적격한 제3자가 검증을 실시하는 경우로 식품의약품안전처에서 HACCP 적용업체에 대하여 연 1회 실시하는 사후 조사·평가가 이에 포함됨

◉ 검증주기에 따른 분류

- 최초검증 : HACCP 계획을 수립하여 최초로 현장에 적용할 때 실시하는 HACCP 계획의 유효성 평가(Validation)
- 일상검증 : 일상적으로 발생되는 HACCP 기록문서 등에 대하여 검토·확인하는 것
- 특별검증 : 새로운 위해정보 발생 시, 해당식품의 특성 변경 시, 원료·제조공정 등의 변동 시, HACCP 계획의 문제점 발생 시 실시하는 검증
- 정기검증 : 정기적으로 HACCP 시스템의 적절성을 재평가하는 검증

② 검증의 실시 시기

HACCP 관리계획의 최초 실행과정, 즉 해당 계획서가 작성된 이후 현장에 적용하면서 실제로 해당 계획이 효과가 있는지 확인하기 위하여 최초검증(유효성 평가)을 반드시 실시하고 문제점을 개선·보완한 이후 본격적으로 HACCP 관리계획을 적용하여야 한다. HACCP 관리계획은 식품이나 공정상에 실질적인 변경사항이 있는 경우, 또는 기존 계획서가 충분히 효과적이지 못할 수 있음을 나타내는 경우마다 특별검증(재평가)을 실시하여야 하며, 이러한 이유 중 하나에 해당되지 않는 경우에 적어도 연 1회 이상 정기검증을 실시하여야 한다.

❤ 특별검증(재평가)을 실시하여야 하는 경우

- 해당 식품과 관련된 새로운 안전성 정보가 있을 때
- 해당 식품이 식중독, 질병 등과 관련될 때
- 설정된 한계기준이 맞지 않을 때
- HACCP 계획의 변경 시(신규원료 사용 및 변경, 원료 공급업체의 변경, 제조 · 조리 공정의 변경, 신규 또는 대체 장비 도입, 작업량의 큰 변동, 섭취대상의 변경, 공급체계의 변경, 종업원의 대폭 교체)

또한, 일상적으로 발생되는 HACCP 관련 기록들에 대한 일상검증을 주기를 정하여 실시하여야 한다. 즉 위해를 제거 또는 감소시키기 위한 공정이 제대로 이행되었는지 확인하는 CCP 모니터링 기록 등을 해당제품이 출고되기 이전에 반드시 확인하여야 한다. 이외에 HACCP 계획의 유효성 및 실행성을 확인하기 위하여 필요한 경우 특정부분에 대하여 주, 월, 반기 등 주기를 정하여 검증을 실시할 수 있다.

③ 검증 내용

❤ 유효성 평가

수립된 HACCP 계획이 해당식품이나 제조 · 조리 라인에 적합한지, 즉 HACCP 계획이 올바르게 수립되어 있어 충분한 효과를 가지는지를 확인하는 것으로

- 발생가능한 모든 위해요소를 확인 · 분석하였는지 여부
- 제품설명서, 공정흐름도의 현장 일치 여부
- CP, CCP 결정의 적절성 여부
- 한계기준이 안전성을 확보하는 데 충분한지 여부
- 모니터링 체계가 올바르게 설정되어 있는지의 여부 등이 해당된다.

HACCP 계획의 유효성 평가에서는 설정한 CCP 및 한계기준이 적절한지, HACCP 계획이 효과적인지 확인하기 위한 수단으로 미생물 또는 잔류 화학물질 검사 등이 이용된다.

⚙ HACCP 계획의 실행성 검증

HACCP 계획이 수립된 대로 효과적으로 이행되고 있는지 여부를 확인하는 것으로

- 작업자가 CCP공정에서 정해진 주기로 측정이나 관찰을 수행하는지 확인하기 위한 현장 관찰 활동
- 한계기준 이탈 시 개선조치를 취하고 있으며, 개선조치가 적절한지 확인하기 위한 기록의 검토
- 개선조치 실제 실행여부와 개선조치의 적절성 확인을 위하여 기록의 완전성·정확성 등을 자격 있는 사람이 검토하고 있는지 여부
- 검사·모니터링 장비의 주기적인 검·교정 실시 여부 등이 해당된다.

④ 검증의 실행

⚙ 검증 주체

HACCP 시스템의 검증은 사내 자체적으로 검증원의 자격요건 등을 정하고 검증팀을 구성하여 실시하거나 검증의 객관성을 유지하기 위해 제3자인 외부 전문가를 통하여 검증을 실시할 수 있다.

⚙ 검증계획의 수립

HACCP 팀은 연간 검증계획을 수립하고 이를 근거로 검증 실시 이전에 검증종류, 검증원, 검증항목, 검증일정 등을 포함한 검증실시계획을 수립하여야 한다.

⑤ 검증활동

검증활동은 크게 ① 기록의 검토, ② 현장조사, ③ 시험 · 검사로 구분할 수 있다.

🟦 기록의 검토

검토되어야 할 기록은 ① 현행 HACCP 계획, ② 이전 HACCP 검증보고서(선행요건 프로그램 포함), ③ 모니터링 활동(검 · 교정기록 포함), ④ 개선조치 사항 등이 있다. HACCP 계획의 검토는 위해요소 분석 결과, CCP, 한계기준, 모니터링 방법, 개선 조치 방법이 적절하게 설정되어 있으며 충분한 효과를 가지고 있는지 평가하는 것이다. 이전에 실시된 검증보고서를 검토하는 것은 만성적인 문제점을 파악하는 데 도움이 되며, 이전 감사에서의 지적사항은 보다 집중적으로 검토되어야 한다. 모니터링 활동 기록 중 일상적인 기록들은 일상검증을 통해 제대로 모니터링되고 기록유지 및 개선조치가 이루어지고 있는지 검토되어야 한다. 따라서 정기 · 특별검증 시에는 모든 기록을 광범위하게 검토하기보다는 업체의 특성을 고려하여 특히 중요한 부분에 해당되는 모니터링 활동 및 CCP 기록만을 검토하는 것이 효율적이다. 모니터링 활동이 누락되었거나, 모니터링 결과 한계기준을 벗어난 모든 사항에 대해서는 즉시 개선조치가 이루어지고 기록되어 있는지 확인해야 하며, 이에 상응하는 개선조치가 적절했는지 검토해야 한다.

🟦 현장조사

현장조사는 검증의 한 부분인 실행성을 확인할 수 있는 활동일 뿐만 아니라 이를 통하여 HACCP 계획이 효과적으로 운영될 수 있는 수준으로 선행요건프로그램이 유지되고 있음을 확인할 수 있다. 현장조사의 핵심은 제조 · 가공 · 조리공정흐름도, 작업장 평면도 등이 작성된 기준서와 일치하는지를 확인하고, 모니터링 담당자와의 면담 및 기록 확인을 통하여 모니터링 활동을 제대로 수행하고 있는지를 평가하는 것이다. 검증자는 현장조사 시 다음 사항을 반드시 확인해야 한다.

- 설정된 CCP의 유효성
- 담당자의 CCP 운영, 한계기준, 감시활동 및 기록관리활동에 대한 이해
- 한계기준 이탈 시 담당자가 취해야 할 조치사항에 대한 숙지상태
- 모니터링 담당 종업원의 업무 수행상태 관찰
- 공정 중인 모니터링 활동 기록의 일부 확인

⊗ 시험·검사

HACCP 계획의 효율적 운영여부를 검증하는 방법의 하나는 미생물실험, 이화학적 검사 등을 통한 확인검증이다. 모니터링 활동을 통해 CCP 관리가 완벽하게 수행되었음을 확인하기 위함이다. 따라서 CCP가 적절하게 관리되고 있는지 검증하기 위하여 주기적으로 시료를 채취하여 실험분석을 실시할 필요가 있다. 이는 모니터링 방법이 위해요소의 제어에 간접적인 수단이 되는 경우에 특히 필요하다.

이를 위한 시료채취 및 시험의 빈도는 HACCP 계획에 규정되어야 하며, CCP 관리방법, 한계기준 및 감시활동이 CCP를 연속적으로 관리하기에 적절한지를 검증할 수 있어야 한다. 특히, HACCP 계획이 처음 개발되거나 중요한 변경이 이루어진 경우에는 CCP 관리가 적절히 이루어지고 있음을 입증할 수 있도록 시험·검사를 실시하는 것이 바람직하다.

⑥ HACCP 검증 보고서 작성

HACCP 검증결과는 반드시 문서화되어 영업자에 의해 검토 또는 승인되어야 하며, 해당문서에는 검증종류, 검증원, 검증일자, 검증결과, 개선·보완내용 및 조치결과를 포함하여야 한다.

⑦ HACCP 계획의 검증방법

HACCP 계획의 검증은 현행 계획의 운영현황을 파악하고 개선의 필요성을 구체적으

로 제시하기 위한 것으로, 위해요소 분석결과와 관리방법, CCP의 선정, 모니터링 활동, 개선조치 및 기록관리의 검토를 포함한다. 주요 항목의 검증 시 고려해야 할 사항은 다음과 같다.

⊘ 위해요소 분석결과의 검증

- 선행요건 프로그램은 최종 위해요소 분석 수행 시와 동일한 신뢰수준을 유지하면서 운영 · 관리되고 있는가?
- 제품 설명서, 유통경로, 용도와 소비자 등이 정확히 기술되어 있으며, 작업장평면도, 공조시설계통도, 용수 및 배수처리계통도 등이 현장과 일치하는가?
- 예비단계에서 수집된 위해관련 정보가 충분하며, 정확한가?
- 원료, 공정별 발생가능한 위해요소를 모두 단위물질로 도출하였는가?
- 도출된 위해요소를 원료, 실제 공정별로 가공된 반제품, 완제품을 대상으로 시험한 통계자료를 바탕으로 발생가능성 기준이 수립되었는가?
- 현장 공정평가자료(원료, 공정별 위해요소 시험자료)를 바탕으로 발생가능성을 평가하였는가?
- 원료별, 공정별 발생가능성과 심각성을 고려하여 평가한 위해평가결과가 동일한 수준으로 판단되는가?
- 위해요소를 관리하기 위한 예방조치방법이 이 식품 및 공정에 가장 적합한 현실성 있는 방법인가?
- 관리방법이 신뢰할 수 없거나 또는 효과적이지 않다는 것을 나타내는 모니터링 기록이나 개선조치 기록이 있는가?
- 보다 효과적으로 관리할 수 있는 새로운 정보가 있는가?

❤ CCP의 검증

• 현행 CCP가 위해요소 관리를 위한 공정상의 최적의 선택인가?

• 실제 생산라인에서 도출된 위해요소별로 분류하여 원료, 반제품, 완제품 등을 대상으로 하는 공정 평가자료를 바탕으로 CCP를 설정하였는가?

• 생산제품, 제조 · 조리공정, 작업장 환경 변화 등으로 인하여 현행 CCP가 위해를 관리하기에 충분하지 않은가?

• CCP에서 관리되는 위해요소가 더 이상 심각한 위해가 아니거나 또는 다른 CCP에서 보다 효과적으로 관리되고 있는가?

❤ 한계기준의 평가

• 설정된 한계기준이 과학적인 근거를 충분히 가지고 있는지, 관련된 새로운 위해관련 정보가 있는지, 이러한 정보가 기존의 한계기준을 변경하도록 요구하는지를 판단하여야 한다. 한계기준 변경 시 생산 · 조리제품에 대한 응용연구결과, 문헌보고 내용, 식품안전 관련 관계법령 변경 등의 모든 정보 · 자료를 근거로 한계기준에 대한 재평가를 수행하고 변경여부를 결정해야 한다.

• 실제 생산라인에서 도출된 위해요소별로 나누어 원료, 반제품, 완제품 등을 대상으로 하는 공정 평가자료를 바탕으로 한계기준을 설정하였는가?

• CCP공정에서 가공조건별(가열시간, 온도, 세척시간, 횟수, 가수량 등)로 위해요소 제어 또는 제거효과 시험자료를 바탕으로 유효성 평가를 하였는가?

❤ 모니터링 활동의 재평가

• 개별 CCP에서의 감시활동 내용이 정확한가?

• 모니터링은 해당 공정이 한계기준 이내에서 운영되고 있는지를 판정할 수 있는가?

• 모니터링은 관리활동이 보증될 수 있는 충분한 빈도로 실시되고 있는가?

- 안정적인 관리상태 유지를 위해서 공정조정 혹은 개선조치가 얼마나 자주 요구되는가?
- 보다 좋은 감시방법이 있는가?
- 모니터링 도구 및 장비가 제대로 기능을 발휘하고 있으며, 교정된 상태를 유지하는가?
- 빈번한 일탈현상이 자동화된 감시체계에 따른 문제점으로 밝혀진 경우에는 수동 감시체계로 변환하도록 요구될 수도 있다.

◈ 개선조치의 평가

현행 개선조치가 모니터링 활동 내지는 한계기준 이탈현상을 개선하고 관리하는 데 적절한가를 평가하는 것으로, 대부분 개선조치 보고서와 개선조치에 관한 HACCP 모니터링 보고서에서 관련자료를 얻을 수 있다. 재평가과정에서 이루어진 HACCP 계획의 모든 개정사항 역시 개선조치를 검토할 때 고려되어야 한다.

- 한계기준에서 설정된 기준 이탈에 대하여 모두 개선조치 가능한 방법인가?
- 선조치 후보고 체계를 바탕으로 육하원칙에 따라 모니터링 담당자가 이해가능하도록 구체적으로 수립되었는가?

원칙 7 문서화 및 기록유지

일곱 번째 원칙은 HACCP 체계를 문서화하는 효율적인 기록유지 방법을 설정하는 것이다. 기록유지는 HACCP 체계의 필수적인 요소이며, 기록유지가 없는 HACCP 체계의 운영은 비효율적이며 운영근거를 확보할 수 없기 때문에 HACCP 계획의 운영에 대한 기록의 개발 및 유지가 요구된다. HACCP 체계에 대한 기록유지 방법 개발에 접근하는 방법 중 하나는 이전에 유지 관리하고 있는 기록을 검토하는 것이다. 가장 좋은 기록유지 체계는 필요한 기록내용을 알기 쉽게 단순하게 통합한 것이다. 즉 기록유지 방법을 개발할 때에는 최적의 기록담당자 및 검토자, 기록시점 및 주기, 기록의 보관 기간 및 장소 등을 고려하여 가장 이해하기 쉬운 단순한 기록서식을 개발하여야 한다. HACCP 체계의 운영과 관련된 기록목록의 예는 다음과 같다. 이 기록들은 제품을 유통시키기 전에 해당 작업장에서 HACCP 관리계획을 준수하였음을 보증하는 것이다.

① 원료

- 규격에 적합함을 증빙하는 원료공급업체의 시험증명서
- 공급업체의 시험성적서를 검증한 업체의 지도 · 감독 기록
- 온도에 민감하거나 유통기한이 설정된 원료에 대한 보관온도 및 기간 기록

② 공정관리

- CCP와 관련된 모든 모니터링 기록
- 식품 취급과정이 적절하게 지속적으로 운영하는지를 검증한 기록

③ 완제품

- 식품의 안전한 생산을 보장할 수 있는 자료 및 기록
- 제품의 안전한 유통기한을 입증할 수 있는 자료 및 기록
- HACCP 계획의 적합성을 인정한 문서

④ 보관 및 유통

- 보관 및 유통온도 기록
- 유통기간이 경과된 제품이 출고되지 않음을 보여주는 기록

⑤ 한계기준 일탈 및 개선조치

- CCP의 한계기준 이탈 시 취해진 공정이나 제품에 대한 모든 개선조치 기록

⑥ 검증

- HACCP 계획의 설정, 변경 및 재평가 기록

⑦ 종업원 교육

- 식품위생 및 HACCP 수행에 관한 교육훈련 기록

7원칙 12절차에 따라 HACCP 관리계획이 수립되면 해당계획을 HACCP 계획 일람표 양식에 따라 일목요연하게 도표화하여 기록·관리한다. 이렇게 HACCP 관리계획이 작성되면 HACCP 팀원 및 현장 종업원들에 대한 교육을 통하여 해당내용을 주지시킨 후 현장에 시범적용토록 하여 실제 현장에 적용하였을 경우 효과가 있는지, 종사자들에 의해 실행함에 있어 문제점은 없는지 등을 확인하여야 한다. 이러한 과정을 "최초검증"이라 하는데, HACCP 관리계획이 수립되면 반드시 이 과정을 거쳐야 한다. 최초검증 결과 미흡사항 또는 문제점 등에 대하여는 반드시 해결책을 찾아 HACCP 관리계획에 반영·개선한 후 HACCP 시스템을 본격적으로 운영하여야 한다.

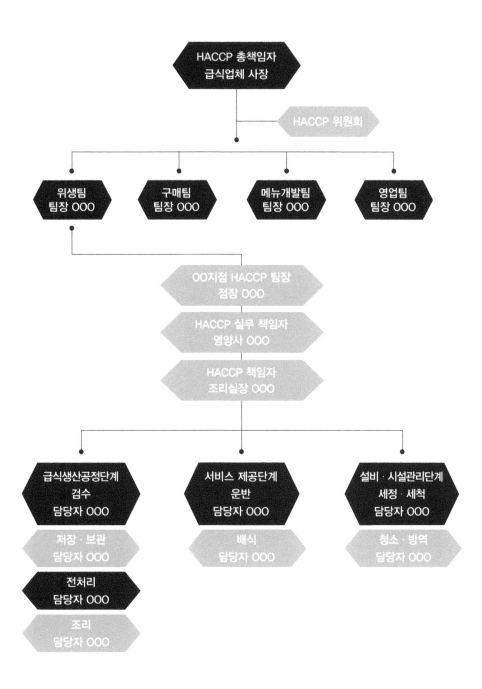

⊗ 식중독 신속보고 체계

- 시장, 군수, 구청장 → 보고관리시스템 입력 · 보고 → 유관기관에 발생사실 동시 전파

- 발생 신고 : 의심환자 발생시설 운영자, 이용자, 의사 · 한의사 → 보건소

- 발생 보고 : 시 · 군 · 구 → 시 · 도, 식약처

  *식약처 식중독보고관리시스템(http://www.foodsafetykorea.go.kr/minwon/main.do)에 입력

- 보건소 · 위생과 역학조사팀 구성 → 현장 출동 → 역학조사 실시

- 환자 등을 대상으로 증상, 섭취 음식물, 장소, 가검물 채취, 설문조사 등 실시

- 영업장 · 시설의 식재료, 칼 · 도마, 음용수, 종사자 가검물 등 수거 검사 의뢰

- 검사 및 역학조사 결과에 따라 발생 원인과 경로 판정, 처분 · 회수 · 폐기 등 오염원 제거 조치 실시

- 특히, 식중독 의심환자가 50명 이상 발생하거나, 학교에서 의심환자가 2명 이상 발생 하면 지방청 원인식품조사반이 현장에 급파되어 원인식품 추적조사를 통한 식중독 확산을 차단

중앙정부	• 중앙식중독대책본부(식약처) 중앙역학조사반(질병관리본부)
지방청	• 식중독 지원반, 원인식품조사반
시 · 도	• 시 · 도 식중독대책반, 시 · 도 역학조사반
시 · 군 · 구	• 시 · 군 · 구 식중독상황처리반
보건소	• 시 · 군 · 구 역학조사반

☑ 학교식중독 조기경보 시스템이란?

• 식중독 발생 시 동일 식재료에 의한 식중독 발생이 우려되는 학교에 SMS 통보 등 경보를 발령하여 식중독 조기차단 및 확산방지를 위하여 2008년 3월부터 운영하고 있으며 학교에서 식중독 의심환자 발생 시 해당학교와 거래하는 업체 및 이 업체와 연계된 다른 학교를 확인하여 경보발령 등 식중독 확산 방지를 위한 예방 관리 시스템이다.

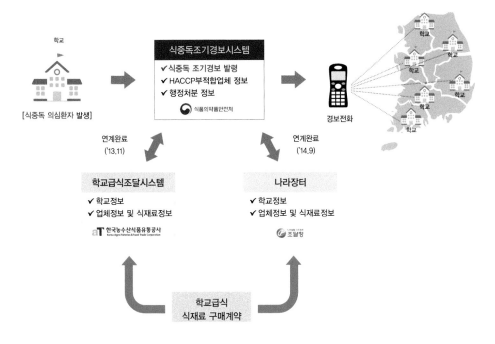

*집단급식소 식품판매업체, 식품제조 · 가공업체 등

• 식중독조기경보시스템과 학교급식전자조달시스템('13.11) · 나라장터('14.9)와 연계하여 학교 및 식재료 정보를 실시간 자동 공유하고 식중독 발생 시, 식중독 경보를 신속히 발령하여 식중독 확산을 조기 차단하고 있다.

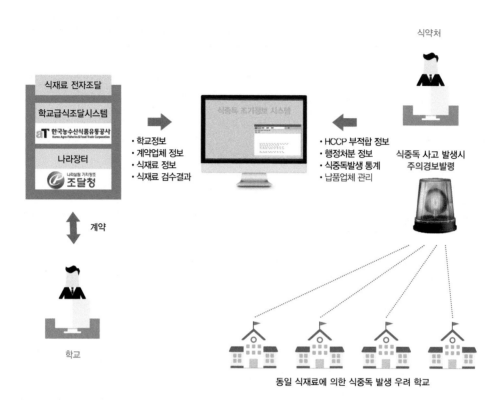

주요기능

• 학교에서 식중독 의심환자 발생 시, 발생규모와 다른 학교로의 전파 가능성을 예측하여, 확산이 우려되는 경우 연관학교 급식담당자에게 식중독 예방요령 등 주의경보메세지를 전파한다. 또한 각 학교에서 식재료 업체 선정에 참고할 수 있도록 HACCP 부적합 업체정보, 행정처분 정보, 식중독 발생 통계 등을 제공한다.

일일위생 점검표의 예

	일일위생 점검표	결재	담당	확인

구분	점검 항목	평가	조치	비고
조리원	위생복, 위생모, 조리화 착용 상태	A B C D		
	손톱 청결 상태	A B C D		
주방	조리기기(분쇄기, 탈피기, 탈수기, 세미기) 청결	A B C D		
	쥐, 바퀴, 파리, 방충, 방서시설	A B C D		
	트렌치 및 바닥의 청결도	A B C D		
	쓰레기 분리수거 및 처리 상태	A B C D		
	화장실용 외부인 신발 비치	A B C D		
	도마, 칼, 행주 소독(환자, 직원, 치료, 배선)	A B C D		
	식기소독 및 청결도	A B C D		
냉장 · 냉동 · 창고	온도, 습도 및 청결도	A B C D		
	식자재 및 식품보관	A B C D		
	쌀 선입선출 및 창고 내 통풍 청결 상태	A B C D		
	두부, 우유 등의 보관 관리 상태	A B C D		냉동냉장시설확인
배선실	온도, 습도 및 청결 상태	A B C D		
	카트류의 청결 상태	A B C D		
	세정기, 디스포자 청결 상태	A B C D		시간
	세정실 잔반 처리 및 정돈 상태	A B C D		
식당	식탁의자 및 바닥 청결 상태	A B C D		냉동 · 냉장실
	보리차 상태 및 보리차 기계 청결 상태	A B C D		
	수저, 컵, 양념통 및 식판의 청결 상태	A B C D		
	배선실 트렌치 및 청결 상태	A B C D		
기타	외곽 트랩 청결 상태	A B C D		냉장고
				A)
				B)
				C)
				D)
				E)
				F)

2. 미생물

1) 미생물의 분류와 특성

① 세균

병원 미생물 중 대부분을 차지하고 있는 세균은 세포소기관인 엽록소와 미토콘드리아가 없이 세포막과 원형질만으로 간단하게 이루어진 단세포의 원핵생물로 분열에 의해 증식한다. 형태에 따라 구균(球菌, Coccus), 간균(桿菌, Bacillus), 나선균(螺旋菌, Spirillum) 등으로 구분한다.

 식중독을 일으키는 세균의 특징

- 음식, 물, 흙, 사람, 벌레 등 다양한 방법을 통해 식품에 운반된다.
- 세균 성장의 최적 환경상태가 되면 기하급수적으로 증가한다.
- 어떤 균은 냉동상태에서도 생존한다.
- 생육조건이 나빠질 경우 어떤 것은 포자(spores)로 변형되어 생존한다.
- 독소를 생산하는 세균도 있으며 이 독소 중 일부는 가열에 의해 쉽게 파괴되지 않는다.

② 바이러스

바이러스(virus)는 라틴어에서 온 말로 독소라는 뜻이고 세균보다 훨씬 작은 크기다. 독립적으로 대사활동을 할 수 없는 바이러스는 번식을 위해서 사람이나 동물과 같은 살아 있는 숙주가 필요하다. 세균과 달리 바이러스는 식품 내에서는 증식하지 못한다. 어떤 바이러스는 가열조리나 냉동환경에서도 생존할 수 있고, 사람과 사람, 사람에서 식품, 그리고 사람에서 식품접촉표면으로 전달된다. 또한 식품과 물 모두를 오염시킬 수 있다. 바이러스에 의한 질병을 예방하는 방법은 식품을 취급하는 사람의 개인위생을 철저히 유지하는 것이다.

바이러스는 크게 간염바이러스, AIDS(후천성면역결핍증, acquired immune deficiency syndrome)바이러스, 위소장염바이러스로 나누어진다. 위소장염바이러스는 소장과 위에 급성염증을 유발하는데 노로바이러스, 로타바이러스, 아스트로바이러스 등이 있다.

③ 곰팡이

진균류에 속하는 호기성미생물로 본체가 실처럼 길고 가는 모양의 균사로 된 사상균을 가리킨다. 곰팡이의 생육최적온도는 25~30℃이고 증식 pH 범위는 2.0~9.0으로 넓다. 세균보다 증식속도는 느리지만 세균이 증식하지 못하는 수분 13~15%의 건조식품에서도 적절한 온도만 유지되면 증식할 수 있고 당도는 식염 농도가 높은 식품에도 증식해서 식품을 변질시킨다.

④ 효모

효모(yeast)는 통성혐기성 미생물로서 곰팡이와 같은 진균류에 속하며 주로 출아법에 의해 증식한다. 형태는 구형, 난형, 타원형, 원통형 등이 있다.

pH, 온도, 수분활성도가 비교적 낮은 환경에서도 잘 자라는 생리적 특성은 곰팡이와 비슷하나 통성혐기성 균이기 때문에 혐기적인 조건에서도 잘 성장한다는 점이 다르다.

양조나 제빵에 이용하는 이로운 효모도 있으나 식품을 변패시켜 품질을 저하시키는 효모도 있다.

⑤ 원생동물

원생동물(protozoa)은 2.0~20nm 정도 크기의 단세포 생물이다. 엽록소를 갖지 않으며 활발한 운동성이 있고 영양분 섭취는 동물처럼 소화시키는 유형도 있고 용액상태의 유기화합물을 섭취하는 형태도 있다. 원생동물에는 편모충류, 근족충류, 포자충류, 섬모충류가 있다.

⑥ 미생물 생육에 영향을 주는 인자

⊗ 미생물의 분열 및 성장곡선

세균들은 대부분 성장을 위한 최적환경에서 분열을 통해 증식하게 되며 보통 유도기 → 대수기 → 정지기 → 사멸기로 이루어진 성장곡선을 가진다.

유도기는 세균의 증가가 거의 일어나지 않고 크기만 증가하는 상태이고 대수기는 세균의 수가 시간과 비례하여 증가하는 시기로 매 15~30분마다 두 배로 증가한다. 정지기는 새로 생겨나는 세균의 수와 죽는 세균의 수가 동일해져 더 이상 세균의 수가 증가하지 않고 정점에 머무른 상태이며 사멸기는 영양성분의 고갈 및 자체 배설물에 의해 세균들이 사멸하는 단계이다.

 세균의 성장곡선

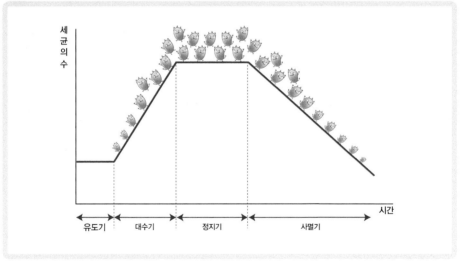

위의 그림은 세균의 성장곡선으로 시간에 따른 세균 수의 변화를 나타내고 있다.

❤ 미생물 성장에 영향을 미치는 인자

미생물이 증식하기 위해서는 다음 6가지의 요소가 필요하며, 이는 F-A-T-T-O-M 의 줄임말로 불린다.

① Food(식품) : 미생물에게 영양분을 공급해 주는 것은 식품으로 특히 미생물이 좋아 하는 식품은 고단백, 고열량 식품이다. 주로 육류, 조류, 해산물, 유제품, 호화상태 의 곡류 등이 포함된다.

② Acid(산도) : 대부분의 병원성 세균의 경우 약산성 또는 중성 범위(pH 4.6~7.5)에서 자라며 pH 6.5~7.2 사이에서 가장 잘 자라는데 이는 우리가 먹는 일상식품의 pH이 다. 또한 세균은 pH 4.6 이하에서는 제대로 성장하지 못한다.

③ Temperature(온도) : 식중독을 일으키는 미생물의 생육 적온은 대부분 5~57℃이며 이 온도대를 위험온도범위라고 한다. 그러나 리스테리아균, 여시니아균 및 세균의 포자는 냉장온도에서도 증식이 가능하다.

④ Time(시간) : 최적조건이 갖추어진 경우 매 20분마다 세균의 개체 수가 2배로 증가 된다. 따라서 잠재적 위해식품이 위험온도범위대에 4시간 이상 방치되었을 때 식 중독을 발생시키기에 충분한 개체 수가 되기 때문에 위험온도범위에 식품이 노출 되는 시간을 가급적 짧게 하는 것이 미생물 증식을 막는 방법이다.

⑤ Oxygen(산소) : 세균은 성장이나 활동을 위해 산소에 대한 요구조건이 다르며 산 소를 필요로 하는 호기성 세균과 산소가 없는 상태를 요구하는 혐기성 세균, 산 소의 유무에 관계없이 살 수 있는 통성혐기성 세균으로 나뉜다. 미호기성 세균은 3~6% 범위의 산소를 요구한다.

⑥ Moisture(수분) : 수분은 미생물의 성장에 꼭 필요한 요소로 미생물들이 성장하는 데 이용할 수 있는 식품에 함유된 수분의 양을 수분활성도(Water activity, Aw)로 나타낸다. 수분활성도는 0~1로 나타내는데 수분활성도 0.85 이상을 가진 식품에서

병원성 세균이 잘 자란다.

📎 세균의 성장요인(F-A-T-T-O-M)

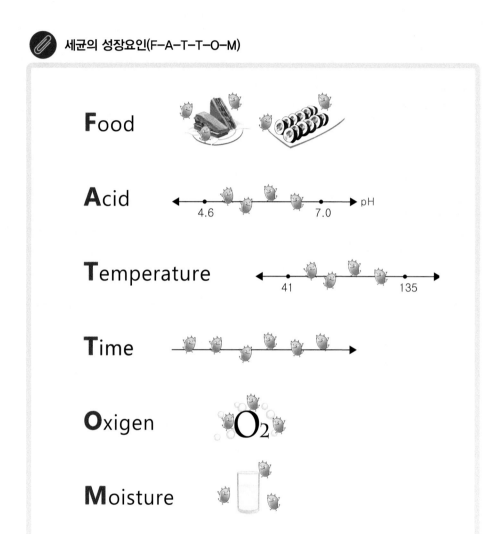

3. 식중독

1) 식중독의 개념

「식품위생법」 제2조 제14항에 식중독은 "식품의 섭취로 인하여 인체에 유해한 미생물 또는 유독물질에 의하여 발생하였거나 발생한 것으로 판단되는 감염성 또는 독소형 질환을 말한다."라고 정의되었다. 또한 "집단식중독"이란 2명 이상의 사람이 동일한 식품을 섭취한 것과 관련되어 유사한 식중독 양상을 나타내는 것(WHO, Foodborne Disease Outbreaks Guidelines for Investigation and Control, 2008)을 말한다.

그 원인에 따라 세균에 의한 감염이나 세균에서 생성된 독소에 의해 중독증상을 일으키는 세균성 식중독, 자연계에 존재하는 동물성이나 식물성 독소에 의해서 일어나는 자연독 식중독, 인공적인 화학물질에 의해서 발생하는 화학적 식중독으로 구분된다.

2) 식중독의 분류

 식중독의 분류

대분류	중분류	소분류	대표적 원인균
미생물 식중독 (30종)	세균성 (18종)	감염형(세균의 체내증식에 의한 것)	살모넬라, 장염비브리오, 콜레라, 비브리오 불니피쿠스, 리스테리아 모노사이토제네스, 병원성대장균(EPEC, EHEC, EIEC, ETEC, EAEC), 바실러스 세레우스, 쉬겔라, 여시니아, 엔테로콜리티카, 캠필로박터 제주니, 캠필로박터 콜리
		독소형(식품 내에서 균이 증식, 독소생성 후 섭취중독)	황색포도상구균, 클로스트리디움 퍼프린젠스, 클로스트리디움 보툴리눔
	공기, 접촉, 물 등의 경로 전염	공기, 접촉, 물 등의 경로 전염	노로, 로타, 아스트로, 장관아데노, A형간염, E형간염, 사포 바이러스
	원충성 (5종)	－	이질아메바, 람블편모충, 작은와포자충, 원포자충, 쿠도아

대분류	중분류	소분류	대표적 원인균
자연독 식중독		동물성	복어독, 시가테라독 등
		식물성	감자독, 버섯독 등
		곰팡이	황변미독, 맥각독, 아플라톡신 등
화학적 식중독		고의 또는 오용으로 첨가되는 유해물질	식품첨가물
		본의 아니게 잔류, 혼입되는 유해물질	잔류농약, 유해성 금속화합물
		제조 · 가공 · 저장 중에 생성되는 유해물질	지질의 산화생성물, 니트로아민
		기타 물질에 의한 중독	메탄올 등
		조리기구 · 포장에 의한 중독	녹청(구리), 납, 비소 등

(1) 미생물 식중독(세균성, 바이러스성, 원충성)

① 세균성 식중독

세균성 식중독은 발병기전에 따라 감염형과 독소형으로 구분한다.

세균은 영양분, pH, 온도, 시간, 산소, 수분이 적합하면 기하급수적으로 번식하므로 식중독균의 감염경로와 증식조건, 사멸조건을 충분히 이해하여 예방책을 강구해야 한다.

◉ 감염형 식중독의 예방책

• 식품의 안전보관, 저온조리, 가열처리

• 조리장의 쥐, 바퀴벌레, 파리 등을 구제

• 어패류 등의 생식과 보관, 2차 감염에 주의

❤ 독소형 식중독의 예방책

- 식품오염이나 2차 감염을 방지하고 오염의 가능성이 있는 식품은 즉시 폐기
- 조리장은 주기적으로 살균하며, 화농이 있는 자는 조리 금지
- 저온저장, 취사장 청결, 위생적 보관, 위생적 가공, 음식물 가열처리

식중독은 일반적으로 구토, 설사, 복통, 발열 등의 증상을 나타내며 원인물질에 따라 잠복기와 증상의 정도가 다르게 나타난다. 아래 표에 주요 세균성 식중독의 원인 및 증상을 나타내었다.

 주요 세균성 식중독의 원인 및 증상

병원체	잠복기	증상	2차 감염
바실러스 세레우스 　a. 구토독소 　b. 설사독소	1~6시간 6~24시간	구토, 일부 설사, 간혹 발열 설사, 복통, 일부 구토, 간혹 발열	X X
캠필로박터균 (Campylobacter)	2~7일	설사(가끔 혈변), 복통, 발열	X
클로스트리디움 퍼프린젠스 (Clostridium perfringens)	8~24시간	설사, 복통, 간혹 구토와 열	X
장출혈성대장균 (Enterohemorrhagic Escherichia coli, EHEC)	2~6일	수양성 설사(자주 혈변), 복통(가끔 심함), 발열은 거의 없음	X
장독소성대장균 (Enterotoxigenic Escherichia coli, ETEC)	6~48시간	정액성 설사, 복통, 오심 간혹 구토·발열	X
장병원성대장균 (Enteropathogenic Escherichia coli, EPEC)	일정치 않음	수양성 설사(자주 혈변), 복통, 발열	X
장침입성대장균 (Enteroinvasive Escherichia coli, EIEC)	일정치 않음	수양성 설사(자주 혈변), 발열, 복통	X

병원체	잠복기	증상	2차 감염
살모넬라균 (Salmonella)	12~36시간	설사, 발열 및 복통은 흔함	O
황색포도상구균 (Staphylococcus aureus)	1~6시간 (2~4시간)	심한 구토, 설사	X
장염비브리오균 (Vibrio parahaemolyticus)	4~30시간	설사, 복통, 구토, 발열	X
여시니아 엔테로콜리티카 (Yersinia enterocolitica)	1~10일 (통상 4~6일)	설사, 복통(가끔 심함)	X

② 바이러스성 식중독

바이러스성 식중독의 원인 및 증상

병원체	잠복기	증상		전파기전	2차 감염
		구토	열		
아스트로바이러스(Astrovirus)	1~4일	가끔	가끔	식품, 물, 대변—구강전파	O
장관 아데노바이러스 (Adenovirus)	7~8일	통상적	통상적	물, 대변—구강전파	O
노로바이러스 (Norovirus)	24~48 시간	통상적	드물거나 미약	식품, 물, 접촉감염, 대변— 구강전파	O
로타바이러스 A군(Rotavirus A)	1~3일	통상적	통상적	물, 비말감염, 병원감염, 대 변—구강전파	O

※ 설사증세는 일반적으로 묽거나 수양성이며 위장관 감염 시 비출혈성 설사를 보임

세균과 바이러스의 차이

	세균	바이러스	비고
특성	균에 의한 것 또는 균이 생산하는 독소에 의하여 식중독 발견	크기가 작은 DNA 또는 RNA가 단백질 외피에 둘러싸여 있음	
증식	온도, 습도, 영양성분 등이 적정하면 자체 급식 증식 가능	자체 증식이 불가능하며 숙주가 존재해야 증식 가능	

	병원체	증상	
발병량	일정량(수백~수백만) 이상의 균이 존재해야 발병 가능	미량(10~100) 개체로도 발병 가능	
증상	설사, 구토, 복통, 메스꺼움, 발열, 두통 등	메스꺼움, 구토, 설사, 두통	증상은 유사함
치료	항생제 등을 사용하여 치료 가능하며 일부균은 백신이 개발되었음	일반적 치료법이나 백신이 없음	
2차 감염	2차 감염되는 경우는 거의 없음	대부분 2차 감염됨	

③ 원충성 식중독

원충에 감염된 원료를 익히지 않은 채로 섭취하면 걸리는 식중독으로 이질아메바, 람블편모충, 작은와포자충, 원포자충, 쿠도아 등이 있다.

(2) 자연독 식중독

자연독 식중독은 자연산물에 의한 식중독으로 독버섯·원추리·박새풀 등에 의한 식물성 식중독과 복어 등에 의한 동물성 식중독으로 분류된다. 발생원인으로는 식물 또는 동물이 원래부터 가지는 성분이거나, 먹이사슬을 통해 동물의 체내에 축적되어 유독물질이 생기는 것으로 볼 수 있다. 이와 같이 식품섭취로 인하여 발생되는 자연독 식중독을 예방하기 위해서는 독성이 있는 식품과 식용가능 식품을 구분, 감별할 수 있는 지식을 습득하고, 계절에 따라 유독화하는 시기를 피하여 섭취하도록 한다.

① 동물성 식중독

◈ 복어독

복어류가 가진 독의 총칭으로 이를 정제하여 결정화한 것을 테트로도톡신(tetrodotoxin)이라 한다. 신경을 마비시키는 신경독으로 중독증상은 식후 30분~4시간에서 시작하여 1~8시간 내에 사망한다. 치사율이 높아 50~60% 정도이며, 독성은 산란기 직전인 5~6월에 가장 강하다. 복어중독을 예방하기 위해서는 복어요리 자격증이 있는 전문가가 요리하여야 하며, 독성이 많은 알, 난소, 간장, 껍질 등은 식용하지 않도록 조심해야 한다.

❤ 시가테라독

열대나 아열대의 산호 주변에 서식하는 독어를 섭취함으로써 일어나는 치사율이 낮은 식중독을 총칭한다. 2~3일 후에 회복되며 사망에 이르지는 않는다.

❤ 조개중독

조개류의 독성물질은 대부분 내장에 존재하며, 열에 대한 안정성이 있어서 조리 시 열에 의해 잘 파괴되지 않기 때문에 늦은 봄부터 초여름까지는 섭취를 피하는 것이 좋다.

삭시톡신(saxitoxin)은 섭조개, 진주담치, 홍합, 대합조개, 모시조개 등을 섭취함으로써 발생되는 마비성 조개중독이다.

베네루핀 중독은 바지락, 굴, 모시조개에 함유된 독성분을 섭취함으로써 발생한다. 베네루핀은 열에 안정하며 100℃에서 1시간 가열해도 파괴되지 않으나 pH 9 이상에서 오래 끓이면 파괴된다.

② 식물성 식중독

❤ 감자독

감자의 유독성분인 솔라닌(solanine)은 감자의 발아부위와 녹색부위에 생성된다. 따라서 이 부분을 제거하지 않고 섭취하면 용혈작용 및 운동중추에 마비작용을 일으킨다.

✅ 버섯독

독버섯을 식용버섯으로 잘못 채취하여 먹으면 식중독을 일으키게 되는데 독버섯과 식용버섯을 구별하는 방법은 다음과 같다.

- 버섯의 살이 세로로 쪼개지는 것은 무독하여 식용가능하다.
- 색이 아름답고 선명한 것은 유독하다.
- 악취가 나는 것은 유독하다.
- 쓴맛, 신맛을 가진 것은 유독하다.
- 유즙을 분비하거나 점성의 액이 나오거나 공기 중에 변색된 것은 유독하다.
- 버섯을 끓였을 때 나오는 증기를 은수저에 대봤을 때 검게 변하면 유독하다.

✅ 목화

목화의 씨, 뿌리, 줄기에는 고시폴이 들어 있어 중독되면 피로, 위장장애, 식욕감퇴, 현기증, 구내건조 등이 발생하며 졸음, 정력감퇴, K 결핍 등도 수반된다.

③ 곰팡이독 식중독

재배부터 소비에 이르는 모든 단계에 걸쳐 곰팡이 오염 방지대책을 강구해야 한다. 곰팡이독은 열에 안정한 것이 많아 식품가공의 열처리로 파괴하기 어렵기 때문에 곰팡이에 오염되지 않도록 예방하는 것이 최선의 방법이다.

- 농작물의 재배나 수확기에 곰팡이가 증식하지 않도록 한다.
- 곡류는 수분함량 13% 이하로 건조시켜 저온보관함으로써 곰팡이 증식을 억제한다.
- 곰팡이에 오염되지 않은 신선한 재료를 선별하여 식품으로 가공하며 곰팡이에 오염되지 않도록 안전한 장소에 보관한다.
- 가정에서도 생활환경을 청결히 유지하여 곰팡이가 증식하지 못하도록 한다.

- 곰팡이독 위험성이 높은 식품은 주기적으로 모니터링하여 오염이 파급되지 않도록 한다.
- 곰팡이독 취급자는 반드시 고무장갑을 착용하고 환기시설을 갖춘 곳에서 작업한다.

◎ 황변미독

Penicillium속(푸른곰팡이) 중 일부가 쌀에 기생하여 황변미를 만든다. 황변미독을 생성하는 곰팡이는 수분 14~15% 이상에서 생육이 가능하여 아플라톡신 생성 곰팡이보다 수분활성도가 낮아도 자랄 수 있다.

◎ 맥각독

보리에서 잘 번식하는 Claviceps purpurea라는 곰팡이에 오염된 보리는 흑청색으로 변색되고, 조직이 잘 부스러진다. 이런 보리에는 곰팡이 균핵이 존재하는데 이것을 맥각이라 한다.

◎ 아플라톡신

간암을 유발하는 강력한 발암물질인 아플라톡신은 땅콩박에 번식하여 생산한 강한 형광성 독소이다.

(3) 화학적 식중독

화학적 식중독은 식품의 제조, 가공, 유통과정 중 외부에서 유독물질이 첨가되거나, 식품성분에서 유도된 물질을 섭취하여 발생되는 식중독으로 계절에 무관하고 발생건수가 적지만 인체에 흡수되면 분해나 배설이 쉽지 않고 축적된다.

① 고의 또는 오용으로 첨가되는 유해물질(식품첨가물)

◉ 유해보존료

보존기간의 연장을 위해 유해 미생물의 발육을 억제하려는 목적으로 사용하는 보존료는 허용보존제(방부제)라 할지라도 과량 사용하면 안전에 문제가 된다.

유해보존료로는 붕산, 포름알데히드, 유로트로핀, 말라카이트 그린, 베타-나프롤, 로단초산에틸 에스테르 등이 있다.

◉ 유해착색료

합성착색료는 식품에 색을 첨가하거나 복원하는 역할을 하는데 주로 타르색소에서 중독사고를 일으킨다. 황색의 오라민, 파라-니트로아닐린과 적색의 로다민, 등적색의 실크 스칼렛 등이 있다. 기타 불허용 타르색소는 다음과 같다.

- 팥앙금 – 메틸바이올렛
- 마가린 – 버터옐로 또는 스피릿 옐로
- 고춧가루 – 수단 Ⅲ

◉ 유해감미료

단맛을 추구하는 현대인의 식습관의 영향과 단순당의 건강상 폐해를 줄이고자 인체에 해가 적고 감미도가 높은 인공감미료의 첨가가 늘어나고 있지만 일부 가공식품류에서 여전히 불허용 인공감미료가 검출되고 있다. 둘신, 사이클라메이트, 파라니트로오르톨루이딘, 페릴라르틴 등이 그 예이다.

◉ 유해표백제

식품의 색을 밝게 하는 표백제는 허용물질이라도 반드시 그 용량을 지켜야 한다. 론갈

리트, 삼염화질소, 과산화수소, 아황산염 등은 반드시 『식품첨가물공전』의 기준에 따라 사용해야 한다.

◉ 유해증량제

『식품첨가물공전』의 기준에 따라 전분, 향신료 등 분말식품의 증량제로 허용된 식품 첨가물도 단독 또는 합계된 잔존량이 0.5% 이하여야 한다. 산성백토, 벤토나이트, 규조 토 등이 그 예이다.

② 본의 아니게 잔류, 혼입되는 유해물질

◉ 잔류농약

우리나라는 「농약관리법」 제15조, 「동법 시행규칙」 제13조 제1항에 농약표시(농약명, 품목명, 유효성분 함유량, 적용해충명 등)를 구체적으로 규정하고 잔류농약을 충분히 제거하지 않은 과일이나 채소를 섭취하지 않도록 노력하고 있다. 때문에 농약을 사용하 지 않거나 적게 사용하는 친환경 · 유기농 제품의 수요는 계속 증가하는 추세이다.

◉ PCB

일본과 대만에서 제조 중 PCB에 오염된 미강유나 식용유를 섭취한 사람들이 사망하 거나 내분비장애 등을 일으키면서 우리나라에서도 1983년부터 변압기나 전기제품에 PCB의 사용을 금지하였다.

3) 감염병과 식중독

감염병이란 '제1군감염병, 제2군감염병, 제3군감염병, 제4군감염병, 제5군감염병, 지정감염병, 세계보건기구 감시대상 감염병, 생물테러감염병, 성매개감염병, 인수(人獸)공통감염병 및 의료관련감염병'을 말하며, 간단히 요약하면 질병 중 전염이 가능한 질병을 말한다. 특정 병원체나 병원체의 독성물질로 인하여 발생하는 질병으로 감염된 사람으로부터 감수성이 있는 숙주(사람)에게 감염되는 질환을 의미한다. 감염병 병원체의 종류로는 세균, 바이러스, 기생충, 곰팡이, 원생동물 등이 있으며, 임상특성으로는 호흡기계 질환, 위장관 질환, 간질환, 급성 열성 질환 등이 있다. 전파방법은 사람 간 접촉, 식품이나 식수, 곤충매개, 동물에서 사람으로 전파, 성적 접촉 등에 의한다. 이에 반하여 식중독이란 '식품의 섭취로 인하여 인체에 유해한 미생물 또는 유독물질에 의하여 발생하였거나 발생한 것으로 판단되는 감염성 질환 또는 독소형 질환'을 의미하며, 사람 간 감염성이 없는 경우가 일반적이나 노로바이러스와 같이 사람 간 감염성이 있는 경우도 있다.

감염병 발생은 병원체, 숙주, 환경 요인으로 구성되어 있으며, 숙주 요인이 약해지거나 병원체가 강해지거나, 환경 요인이 인간에게 해롭게 혹은 병원체에 이롭게 작용하면 발생하게 된다.

 세균과 바이러스의 차이

구분	특성	질환	
제1군감염병	마시는 물 또는 식품을 매개로 발생하고 집단 발생의 우려가 커서 발생 또는 유행 즉시 방역대책을 수립	• 콜레라 • 장티푸스 • 파라티푸스	• 세균성이질 • 장출혈성대장균감염증 • A형간염
제2군감염병	예방접종을 통하여 예방 및 관리가 가능하여 국가예방접종사업의 대상	• 디프테리아 • 백일해 • 파상풍 • 홍역 • 유행성이하선염 • 풍진	• 폴리오 • B형간염 • 일본뇌염 • 수두(水痘) • B형헤모필루스인플루엔자 • 폐렴구균

구분	특성	질환	
제3군감염병	간헐적으로 유행할 가능성이 있어 계속 그 발생을 감시하고 방역대책의 수립이 필요	• 말라리아 • 결핵 • 한센병 • 성홍열 • 수막구균성 수막염 • 레지오넬라증 • 비브리오패혈증 • 발진티푸스 • 발진열 • 쯔쯔가무시증 • 렙토스피라증	• 브루셀라증 • 탄저 • 공수병 • 신증후군출혈열 • 인플루엔자 • 후천성면역결핍증(AIDS) • 매독 • 크로이츠펠트 • 야콥병(CJD) 및 변종크로이츠펠트 • 야콥병(vCJD)
제4군감염병	국내에서 새롭게 발생하였거나 발생할 우려가 있는 감염병 또는 국내 유입이 우려되는 해외 유행감염병	• 페스트 • 황열 • 뎅기열 • 바이러스성출혈열 • 두창 • 보툴리눔독소증 • 중증 급성호흡기증후군(SARS) • 동물인플루엔자 인체감염증 • 신종인플루엔자 • 야토병	• 큐열(Q熱) • 웨스트나일병 • 신종감염병증후군 • 라임병 • 진드기매개뇌염 • 유비저 • 치쿤구니아열 • 중증열성혈소판감소증후군(SFTS) • 동물인플루엔자 인체감염증 • 신종인플루엔자
제5군감염병	기생충에 감염되어 발생하는 감염병으로 정기적인 조사를 통한 감시가 필요	• 회충증 • 편충증 • 요충증	• 간흡충증 • 폐흡충증 • 장흡충증
지정감염병	제1군감염병부터 제5군감염병까지의 감염병 외에 유행여부를 조사하기 위하여 감시활동이 필요	• C형간염 • 수족구병 • 임질 • 클라미디아 • 연성하감 • 성기단순포진 • 첨규콘딜롬 • 반코마이신내성황색포도알균(VRSA)감염증 • 반코마이신내성장알균(VRE) 감염증	• 메티실린내성황색포도알균(MRSA)감염증 • 다제 내성 녹농균(MRPA)감염증 • 다제내성아시네토박터바우마니균(MRAB)감염증 • 카바페넴내성장내세균속균종(CRE)감염증 • 장관감염증 • 급성호흡기감염증 • 해외유입 기생충감염증 • 엔테로바이러스 감염증

4) 식중독의 예방관리

식품의약품안전처에서는 안전한 식품섭취를 위한 5가지 방법으로 청결유지, 익히지 않은 음식과 익힌 음식의 분리, 완전히 익히기, 안전한 온도에서 보관하기, 안전한 물과 원재료 사용하기를 들고 있다.

 안전한 식품섭취를 위한 5가지 방법(식품의약품안전처)

(1) 시간-온도 관리

5~57℃ 사이의 위험온도범위에 식품이 장시간 노출되면 식중독균의 증식가능성이 높아진다. 위험온도범위 이상의 온도에서는 식중독균이 대부분 사멸되지만 포자를 형성하는 일부 식중독은 일반적인 조리온도에서는 사멸되지 않는다. 또한 위험온도 이하의 저온에서는 미생물의 성장을 지연시킬 수 있다. 그러나 가열조리, 냉각, 재가열 등의 상황에서는 어쩔 수 없이 위험온도구간에 노출되나 노출시간을 최소화할 수 있도록 노력해야 한다.

 급식조리과정별 시간-온도 관리

입고 및 저장

식품	내부온도	시간
냉동식품	-18℃	수주일~수개월
냉장식품	5℃	품질유지가 가능할 때까지
달걀	7℃	유통기한까지

해동

냉동된 식품을 해동할 때에는 위험온도대에 최소한으로 노출하도록 하며 즉석섭취식품은 항상 5℃ 이하가 되도록 한다.

방법	내부온도	시간
냉장고	5℃ 이하	수주일~수개월
21℃의 흐르는 물	5℃ 이하	4시간 이하

가열

식품	최소내부온도	시간
스테이크(약간 익힌 것)	54℃ 60℃	112분 12분
소고기, 돼지고기, 생선	63℃	15초
다진 육류	68℃	15초
스테이크(중간 정도 익힌 것)	63℃	4분
가금류, 속을 채우는 스터핑 요리	74℃	15초

보온

식품	내부온도	시간
보온이 필요한 모든 음식	57℃	5시간 이내

냉온

식품	내부온도	시간
냉온이 필요한 모든 음식	5℃ 이하	24시간 이내 또는 유통기한까지

냉각

단계	내부온도	시간
1단계	57~21℃ 이하	2시간 이하
2단계	57~5℃ 이하	6시간 이하

냉동

식품	내부온도	시간
냉동식품	-18℃	음식 품질 저하가 일어나지 않을 때까지

재가열

식품	내부온도	시간
재가열	74℃ 이상	2시간 이내

출처 Supplement to the 2009 FDA Food Code(2011).

(2) 교차오염관리

교차오염이란 음식이 생산되는 가정 중 미생물에 오염된 식품으로 인해 다른 식품이 오염되는 것을 말한다. 교차오염을 방지하기 위해서는 다음과 같은 사항을 준수해야 한다.

- 생식품의 전처리와 조리된 음식을 다루는 도마와 칼은 분리하여 사용한다.
- 적절한 세척 · 소독을 거친 주방기기 및 기구를 사용한다.
- 조리된 음식을 먼저 준비한 후 생식품을 다룬다.
- 생식품과 조리된 음식은 분리 보관하며 냉장보관 시 조리된 음식은 생식품보다 위에 보관한다.
- 개인위생관리와 손세척을 철저히 한다.
- 조리된 음식을 취급할 때에는 맨손으로 작업하는 것은 피한다.

 도마, 칼 사용의 예

도마와 칼의 색	사용 용도
흰색	• 즉석 식품(완제품), 샌드위치, 생으로 섭취하는 채소, 김치류, 과일 등
노랑색	• 오리, 닭 등 가금류
초록색	• 익혀서 사용할 채소류
갈색	• 익은 소고기, 돼지고기 썰기
붉은색	• 익지 않은 소고기, 돼지고기
파랑색	• 생선, 해산물

식품재료별 품질관리 요령

■ 육류

	잘못된 취급법	올바른 방법
식중독균 증식 예방	• 상온 방치(실내에 방치)	• 신속히 냉장보관(5℃ 이하) • 신속히 조리
교차오염 방지	• 다른 식재료와 혼합 보관 • 육류 손질 후 손을 씻지 않음 • 육류 취급한 기구 · 용기를 세척 · 소독하지 않고 사용	• 전용용기 · 냉장고에 보관 • 육류 취급 후 철저한 손 세척 • 육류 사용한 용기 · 기구의 세척 · 소독 철저 • 전용 칼 · 도마 사용
가열 철저	• 중심온도가 75℃에 도달하지 않음	• 중심온도 75℃ 이상에서 1분 이상 가열

■ 어패류

	잘못된 취급법	올바른 방법
식중독균 증식 예방	• 상온 방치(실내에 방치)	• 신속히 냉장보관(5℃ 이하) • 신속히 조리
교차오염 방지	• 다른 식재료와 혼합 보관 • 어패류를 세척하지 않음 • 어패류 취급 후 손을 씻지 않음 • 어패류 취급한 기구 · 용기를 세척 · 소독하지 않고 사용	• 전용용기 · 냉장고에 보관 • 어패류를 수돗물에 세척 • 어패류 취급 후 철저한 손 세척 • 어패류 사용한 용기 · 기구의 세척 · 소독 철저 • 전용 칼 · 도마 사용
가열 철저	• 중심온도가 85℃에 도달하지 않음	• 중심온도 85℃ 이상에서 1분 이상 가열

■ 난류

	잘못된 취급법	올바른 방법
반입 금지 교차오염 방지	• 손상된 달걀 사용	• 손상된 달걀은 선별 · 제거 • 오염물이 묻은 달걀은 제거 • 달걀 만진 후 손 세척 필수
식중독균 증식 예방	• 상온 방치(실내에 방치)	• 신속히 냉장보관(5℃ 이하)
가열 철저	• 노른자가 덜 익음	• 충분히 가열조리(중심온도 75℃ 이상에서 1분 이상 가열)

■ 채소류

	잘못된 취급법	올바른 방법
이물 방지	• 외피를 제거하지 않음	• 외피 제거
교차오염 방지	• 채소, 육류, 어패류 혼합 보관	• 다른 식재료와 구분 보관
식중독균 증식 예방	• 절단 후 실온 보관	• 신속하게 냉장보관(5℃ 이하)
가열 철저	• 세척 · 소독하지 않음	• 세척 · 소독 실시(염소살균소독 100ppm 5분간 침지)

■ 유지류

	잘못된 취급법	올바른 방법
용기 확인	• 파손된 용기제품 사용	• 용기파손 여부 확인 및 파손 시 사용금지
산가 확인	• 기름을 재사용하는 경우 사용 전 산화도 측정하지 않음	• 기름을 재사용하는 경우 사용 전 산화도 측정(산가 3.0 이상 시 교환)
산화 방지	• 직사광선에 노출된 장소에 보관	• 빛이 통과되지 않는 용기에 담아 냉암소에 보관
이물 제거	• 튀김기름 사용 후 남은 찌꺼기 방치	• 조리 중 튀김 찌꺼기는 자주 제거 • 튀김기름 온도 180℃ 이상 가열금지 • 튀김기름 사용 후 남은 찌꺼기 제거

2 개인위생관리

1. 건강관리

식품재료 · 식품제조시설 · 식품제조설비 및 기구 · 공기 · 용수 등이 위생관리가 철저히 이루어졌다고 하더라도 개인위생관리를 소홀히 한다면 식품위생에 문제가 발생할 수 있다. 외식업소의 식중독 방지를 위해 올바른 개인위생관리는 매우 중요하다고 하겠다. 식재료가 입고되고 조리되어 고객에게 전달되기까지 종사원은 식재료나 음식을 쉽게 오염 시킬 수 있다. 철저한 개인 위생관리를 통해 위생관련 위험을 미리 예방하도록 해야 한다. 효과적인 개인위생관리를 실천하기 위해서는 개인위생관리를 위한 규칙 설정하고, 개인위생관리를 효과적으로 수행할 수 있는 기구를 구비하고, 건강에 이상이 없는 종사원들이 식품취급 및 조리하게 한다.

주방종사원들의 조리업무 시작 전이나 조리업무진행 중에도 위생과 건강상태를 점검하기 위해서 다음과 같은 사항에 신경써야 한다.

식품위생법 40조, 시행규칙 49조에 "식품 및 식품첨가물을 채취 · 제조 · 가공 · 조리 · 저장 · 운반 또는 판매하는데 직접 종사하는 자로 하는데 (다만, 영업자 또는 직원 중 완전히 포장된 식품 또는 식품첨가물을 운반 또는 판매하는데 종사하는 자는 제외한다.)" 라고 건강진단을 받아야하는 자에 대해 명시되어 있으며 횟수는 연 1회이다. 또한 종업원의 건강을 매일 확인하여, 종업원에 의한 2차 오염을 예방한다.

식품위생법 시행규칙 50조에 의거하여 영업에 종사하지 못하는 질병의 종류는 다음과 같다.

1 제1군 전염병 : 콜레라, A형 간염, 장티푸스, 파라티푸스, 세균성이질, 장출혈성 대장균 감염증

2 제3군 전염병 : 결핵

3 전염병 병원균 보균자인 경우

4 피부병 및 기타 화농성질환이 있을 때

5 B형 간염 : 전염의 우려가 없는 비 활동성 간염은 예외

6 후천성면역결핍증 : 전염병에 대한 예방법 규정에 의한 건강진단을 받아 그 결과에 유무에 의해 영업에 종사하는 자에 한함

2. 조리종사자의 위생

1) 손 씻기

개인위생 사항 중 가장 중요한 것이 손 씻기이다.

외식업소에서 반드시 손을 씻어야 하는 경우는 다음과 같다.

- 작업을 시작하기 전
- 취급하는 식재료가 바뀔 때마다
- 생선, 날고기 등을 만지고 난 후
- 화장실을 다녀온 후
- 코를 풀거나 재채기 등 신체의 일부를 만지고 나서
- 애완동물을 만지고 난 후
- 흡연 후
- 쓰레기 등 오물이나 청소도구를 만졌을 때
- 외출에서 돌아왔을 때
- 조리실을 들어가기 전

- 원재료를 다듬거나 세척작업 후
- 기타 손을 오염시킬 수 있는 것을 만졌을 경우
- 귀, 입, 코, 머리와 같은 신체부위를 만지거나 긁는 경우
- 청소나 기구 세척
- 음식 또는 음료섭취

2) 올바른 손의 세정 및 소독법은 다음과 같다.

- 팔꿈치 아래까지 비누로 씻고 오염물을 수시로 제거한다.
- 비누거품을 충분히 내어 씻고 흐르는 미지근하고 깨끗한 물로 헹군다.
- 손톱과 손가락 사이도 유의해서 깨끗이 씻어야 한다. 특히 손톱 밑에 세정에 주의해
  야 하고 손톱용 브러시를 사용한다.
- 비누의 알칼리성이 남지 않도록 잘 헹군다.
- 일회용 종이타월이나 손 건조기를 이용하여 물기를 건조시켜야 한다.

올바른 손 씻기 절차는 그림과 같다.

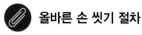 **올바른 손 씻기 절차**

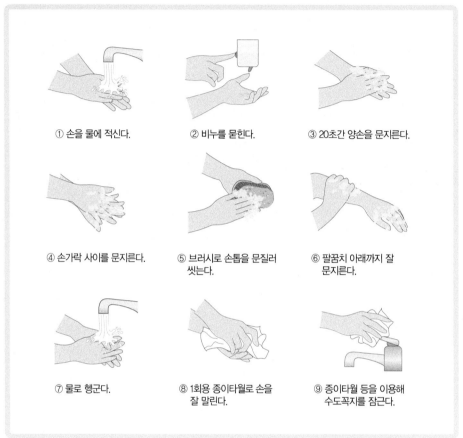

① 손을 물에 적신다.
② 비누를 묻힌다.
③ 20초간 양손을 문지른다.
④ 손가락 사이를 문지른다.
⑤ 브러시로 손톱을 문질러 씻는다.
⑥ 팔꿈치 아래까지 잘 문지른다.
⑦ 물로 헹군다.
⑧ 1회용 종이타월로 손을 잘 말린다.
⑨ 종이타월 등을 이용해 수도꼭지를 잠근다.

3) 손소독제

위생적인 손 관리를 위하여 액체형태의 손소독제를 사용하는데 손소독제는 손 씻기 대신 사용되어서는 안 되며 반드시 손 씻기 후에 병행되어야 한다.

4) 장갑

최근 들어 위생상의 이유로 여러 가지 형태의 장갑들이 많이 사용되고 있다. 대부분의 종사원들은 맨손으로 일하는 것보다 장갑을 사용하는 것이 위생적이라고 믿고 있다. 그러나 사용부주의로 인해 장갑의 사용이 더욱 위험한 경우가 많이 발생하고 있다. 다음은 장갑 사용 시 주의사항이다.

- 장갑을 끼고 생식품을 만지고 조리가 끝난 다른 음식을 만져서는 안 된다.
- 손을 씻지 않기 위해 장갑을 사용해서는 안 된다.
- 장갑을 끼고 한 가지 작업을 했으면 바로 장갑을 폐기한다.
- 같은 작업을 하더라도 적어도 매 4시간 이내로 바꿔 착용한다.
- 장갑이 더러워지거나 찢어진 경우에는 장갑을 교체하여야 한다.
- 고무장갑이나 일회용 위생장갑은 뜨거운 음식의 취급이나 열기가 있는 곳에서의 사용은 자제해야 한다.

 올바른 손 씻기 절차

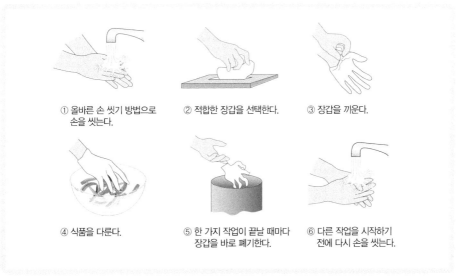

① 올바른 손 씻기 방법으로 손을 씻는다.   ② 적합한 장갑을 선택한다.   ③ 장갑을 끼운다.

④ 식품을 다룬다.   ⑤ 한 가지 작업이 끝날 때마다 장갑을 바로 폐기한다.   ⑥ 다른 작업을 시작하기 전에 다시 손을 씻는다.

5) 손톱

손톱은 항상 짧고 청결하게 유지하며 더러운 이물질이 끼지 않도록 주의해야 하며 매니큐어는 바르거나 장신구는 피해야 한다.

6) 상처

손에 상처가 난 후에는 치료한 후 밴드로 감싸고 고무골무를 착용한 후에 일회용 장갑이나 장갑을 착용하고 작업에 임해야 한다. 가능하면 상처가 나을 때까지 음식취급과 무관한 일을 하는 것이 안전하다.

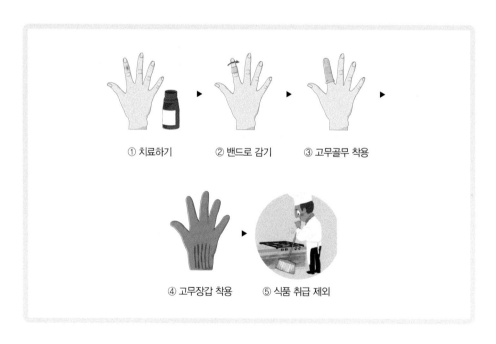

① 치료하기   ② 밴드로 감기   ③ 고무골무 착용

④ 고무장갑 착용   ⑤ 식품 취급 제외

7) 복장

조리업무종사자들은 주방에 들어가기 전에 조리복, 앞치마, 조리모, 조리화를 착용한 후 업무에 임해야 한다. 조리복을 입은 상태로 외출하거나 화장실을 가서는 안 되며 조리복은 자주 세탁해서 착용하고 조리모와 앞치마는 가급적 매일 교환하여 착용하도록 주의를 기울여야 한다.

 복장위생

머리
· 매일 감고 긴 머리는 묶기
· 머리망에 넣기

모자
· 귀와 머리카락이 보이지 않게 착용
· 망사모자는 피함

상의
· 흰색이나 옅은 색상의 면소재 목둘레나 소맷단이 늘어지지 않는 것

· 매일 세척 후 건조착용
· 외출복과 구분 보관 정리

토시
· 매일 세척 후 건조착용

하의
· 몸에 여유가 있는 복장
· 매일 세척 후 건조착용
· 외출복과 구분 보관관리

화장
· 지나친 화장과 향수, 인조속눈썹 등의 부착물 사용을 금함

장신구
목걸이, 귀걸이 등 장신구 착용을 금함

마스크
코까지 덮기

앞치마
· 세척 소독 후 건조착용
· 착용 중 청결 유지
· 전처리용, 조리용, 배식용, 세척용으로 구분 사용

신발
· 신고 벗기 편리하고 미끄럽지 않은 재질 선택
· 외부용 신발과 구분착용

8) 식품취급자로서 위생의무사항

- 손톱을 짧게 깎고 손을 가능한 한 깨끗하게 유지한다.
- 보석류, 시계, 반지는 조리업무가 진행될 때는 착용하지 않는다.
- 종기나 화농이 있는 사람은 조리작업을 하지 않는다.
- 주방은 항상 정리정돈과 청결을 유지한다.
- 작업 중 화장실 출입을 하지 않으며 용변 후에는 반드시 손을 씻는다.
- 식품을 취급하는 기구나 기물 및 장비는 입과 귀, 머리 등에 접촉하지 않는다.
- 더러운 도구나 장비가 음식에 닿지 않도록 한다.
- 손가락으로 음식 맛을 보지 않는다.
- 향이 짙은 화장품은 사용하지 않는다.
- 규정된 조리복을 착용한다.
- 위생원칙과 식품오염의 원인을 숙지한다.
- 정기적인 위생 및 조리교육을 이수한다.
- 식품이나 식품용기 근처에서 기침, 침, 재채기 및 흡연을 하지 않는다.
- 조리업무에 지장을 초래할 정도로 병이 났을 때에는 집에서 쉰다.
- 항상 자신의 건강상태를 점검한다.

3. 식품 납품업자의 위생

- 공급업체는 체계적인 위생기준 및 품질기준을 구비하고 이를 준수해야 한다.
- 공급업체가 위치한 장소, 보유시설, 설비의 위생상태는 양호해야 한다.
- 냉장 배송차량을 이용하여 식재료를 운반하고 냉장·냉동식품의 온도는 기준범위를 지켜야 한다.

- 식품 납품업자는 검변을 통한 건강진단을 실시해야 한다.
- 납품업자는 검수실까지만 출입을 하여야 한다.
- 부득이 조리장 출입을 할 경우는 위생복과 조리장 전용 신발을 착용한 후 출입을 한다.
- 납품된 식품은 검수대 위에 올려 바닥 등에서 오염이 되지 않도록 한다.

4. 고객의 위생관리

- 고객은 식사 전에 손 씻기를 습관화하도록 홍보 및 유도한다.
- 청결한 복장 및 청결한 신발 사용을 권장한다.
- 외부에서 준비한 음식물의 식당 반입을 금지한다.

03

단체급식의
안전관리

음식업의 안전관리는 조리작업과 서빙작업을 비롯한 전과정에서 사고가 발생하지 않도록 예방하여 안전한 작업을 보장하는 프로그램을 의미한다. 대부분의 음식업종은 소규모 사업장이 많아 체계적이고 안정적인 재해예방활동이 어렵고 재해예방에 관한 인식도 낮은 편이다. 예를 들어 음식업에서 일어나는 산업재해의 발생형태 중 넘어짐 재해는 실제 가장 많이 발생하고, 늘 발생할 수 있는 재해형태이나 대다수 사업주나 근로자 개인이 이 점을 간과하기 쉽다.

음식업에서 발생하는 주요 재해 발생형태는 다음과 같다.

◈ 넘어짐

미끄러지거나 걸려 넘어지는 넘어짐 재해는 음식업에서 가장 흔히 일어나고 또한 많이 일어나는 재해이다. 특히 주방 바닥과 계단에서 가장 빈번하게 일어나는 대표적인 재해형태로 물이나, 음식 잔재물, 기름기 등에 의해 미끄러운 바닥면 또는 계단에서 발생하는 것들이 주요 원인이다. 또한 음식물을 나르는 과정이나 주방 기계기구를 옮기거나 청소하는 과정에서도 불안정한 작업자세로 인해 발생한다.

◈ 화상

불을 이용하여 음식을 조리하거나 뜨거운 음식물을 뚝배기 등 식기에 담거나 나르는 과정에서 발생하는 사고이다. 뜨거운 음식물이 담긴 그릇 등을 맨손으로 취급하거나 고열의 음식조리기구에 신체가 접촉하여 발생한다.

뜨거운 음식물을 옮기거나 조리도구가 달구어진 상태에서 이동 시에는 "뜨거워", "핫" 하는 등 주위에 위험 상황을 알리는 것이 중요하다. 그리고 젖은 행주의 사용보다는 마른 행주 등을 이용하여 soup이나 stock, 탕류 등 국물이 있는 많은 양의 음식을 이동 시에는 뚜껑을 덮거나 랩으로 포장하여 옮겨주는 것이 안전하다.

🖤 감김 · 끼임 · 베임

음식을 조리하는 과정에서 열탕기, 오븐기, 절단기(Slicer), 민서기(mincer), 믹서기(mixer), 칼(knife) 등을 취급하는 과정 또는 청소하는 과정에서 발생하는 사고이다. 원재료 투입 시 수공구를 사용하지 않고 맨손으로 투입하거나, 이물질 제거 또는 기계 청소 시 전원을 차단하지 않고 작업을 수행하다가 발생한다.

칼은 단독 세척을 하여 따로 관리하며 기계, 설비 등은 사용설명서를 반드시 숙지하여 탈부착을 정확하게 하여야 하며 미숙한 조립 시에 사고가 발생될 수 있다.

🖤 화재 · 폭발

음식 조리 시 사용하는 가스테이블, 가스오븐 등의 배관이나 연결부에서 누출되는 가스가 폭발하거나 적정온도 이상의 고온으로 조리하는 과정에서 유류나 인화성물질에 불이 옮겨 붙어 발생하는 사고이다.

화재 발생 시에는 젖은 행주를 덮어 1차 진화를 해야 하며 1차 진화 후에도 불이 번지면 119에 신고를 해야 한다. 호텔은 구내전화로 119 신고를 먼저하고 일반 업소의 경우에는 일반전화를 이용하여 신고하면 된다. 특급 호텔에는 소방관들이 24시간 상시 근무를 하는곳이 많기 때문에 단시간 진화가 가능하다.

🖤 요통 등 근골격계질환

쌀 등의 식재료 운반, 음식의 운반, 장시간 반복적인 조리 및 설거지 업무 등 부적절한 작업자세와 중량물 인력 취급, 반복적인 작업 수행 등으로 인해 요통 등 근골격계질환이 발생한다. 무거운 것을 들 때는 도움 요청을 하거나 앉아서 일어나면서 들어 올리면 허리를 90도로 굽혀서 작업하는 것보다 수월하게 일을 진행할 수 있다.

가스 안전관리

⊗ 가스누설 자동차단기 설치

- 검지부는 연소기로부터 수평거리 4m 이내에 설치한다.
  - LPG : 공기보다 1.5 ~2배가량 무거우므로 바닥 부근에 설치
  - LNG : 공기보다 0.6~0.7배가량 가벼우므로 천장 면에서 30cm 이내에 설치
- 항상 가동될 수 있도록 전기콘센트에 연결시켜 놓는다.
- 가스누설경보기의 오작동을 예방하기 위해 주기적으로 정상작동 여부를 점검한다.
- 검지부에 물이나 이물질이 고착되지 않도록 덮개를 씌우고 기구 세척 및 바닥청소 시에는 특히 주의한다.

⊗ 가스냄새가 날 경우 대처방법

- 원래 가스에는 냄새가 없지만 가스가 샐 때 누구나 쉽게 알 수 있도록 냄새나는 물질을 섞어 놓았기 때문에 가스가 새는 경우 양파 썩는 냄새가 난다.
- 가스냄새가 나면 가스기기의 밸브를 잠근 후 최대한 빨리 중간밸브, 용기밸브, 혹은 메인밸브를 모두 잠근다.
- 가스밸브를 잠근 후 창문과 출입문 등을 모두 열어 환기를 하면서 방석이나 부채 등으로 가스를 쓸어낸다.
- 이때 배기팬이나 선풍기를 사용하거나 기타 전기기기의 전원플러그를 콘센트에서 빼면 전기스파크에 의해 가스가 폭발할 수 있으므로 전기용품에는 절대 손을 대지 않는다.
- 가스냄새가 계속 날 때에는 전문가가 도착할 때까지 현장을 감시한다.

💙 작업 전 안전관리

- 설치 시에는 시공자격자에게 맡겨 통풍이 잘 되고 인화물질이 없는 곳에 안전기준에 맞게 설치한다.

- 호스와 연소기 등의 이음매와 호스에서 가스가 새지 않는지 비눗물 등으로 수시로 점검한다.

가스 중간밸브

- 가스가 누출되지 않았는지 냄새로 우선 확인한다.

  (LPG는 바닥으로부터, 도시가스(LNG)는 천정으로부터 냄새를 맡는다.)

- 가스렌지를 사용하기 전 창문을 열어 충분히 환기시킨다.

- 가스렌지 주위에는 가연성 물질을 가까이 두지 않는다.

- 콕, 호스 등 연결부의 상태가 양호한지 확인한다.

- 불꽃구멍에 음식찌꺼기가 남아있지 않도록 청결하게 유지한다.

- 가스경보기는 다음의 사항을 유의하여 설치한다.

  - LNG는 공기보다 가벼워 위로 올라가므로 경보기 설치는 천장으로부터 30cm 이내 설치

  - LPG는 공기보다 무거워 바닥으로 가라앉기 때문에 바닥으로부터 30cm 이내 설치

  - 주위의 온도가 현저히 낮거나 높은 곳, 물기가 직접 닿거나, 습도가 많은 곳은 가스경보기 설치 불가

💙 작업 중 안전관리

- 가스불을 켤 때에는 불이 붙었는지 확인한다.

- 조리 중 파란 불꽃이 유지되고 있는지 수시로 확인한다.

- 조리 중 불에 의해 화상을 입을 수 있으므로 개인보호구(방열장갑 등)를 착용한다.

- 사용 중 가스가 떨어져 불이 꺼졌을 경우 반드시 연소기의 콕과 중간 밸브를 잠근다.
- 화구 위에 지나치게 넓은 조리기구가 놓여 화구의 자연냉각을 방해하지 않도록 한다. 가스 누설 시 응급조치를 실시한다.
  - 가스가 새는 것을 발견하면 먼저 연소기 콕과 중간밸브를 잠궈 가스 공급을 차단
  - 창문과 출입문을 열고 누설된 가스를 밖으로 환기(환기를 위해 선풍기나 배기팬 사용금지)
  - LPG가스를 사용하는 경우 신문지 등을 이용하여 연기를 쓸어 내듯이 밖으로 몰아냄

✅ 작업 후 안전관리

- 사용하고 난 후에는 연소기에 부착된 콕과 중간 밸브를 잠근다.
- 다 사용한 가스용기는 반드시 밸브를 잠그고 화기가 없는 곳에 보관한다.
- 누설에 의한 폭발사고를 예방하기 위해 작업 후에는 모든 밸브를 반드시 잠근다.

 가스 안전관리표

가 스 안 전 관 리

2018년 (　　)월

일자	① open time	② close time	① 담당자	② 담당자
1				
2				
3				
4				
5				
6				
7				

② 전기 안전관리

조리실 등에서 전기기계기구의 사용 시 결함이 있는 전기설비와 전선, 누전 등으로 감전사고가 발생할 수 있으며, 특히 조리실은 물을 많이 사용하는 장소이므로 감전의 위험이 매우 높다. 따라서 조리실에서의 감전사고 예방을 위해 적절한 접지 및 누전차단기의 사용, 절연상태의 수시점검 등 안전한 전기기계기구의 사용이 필요하다.

◈ 재해예방대책

- 전기기계기구를 사용하기 전에 손상된 부분이 없는지 점검한다.
- 손상된 기계기구는 즉시 수리하거나 교체하여 사용한다.
- 전기 공급원에 장비를 연결하거나 조정을 하기 전에 장비를 끈다.
- 전기장비가 적절하게 접지되어 있는지 또는 이중절연이 되어 있는지 확인한다.
- 접지된 장비는 3개의 전선이 있는 공인된 코드와 돌출부가 3개인 플러그를 가지고 있어야 하고 플러그를 구멍이 3개 있고 적절하게 접지된 콘센트에 꽂아야 한다.
- 발에 걸려 넘어지는 위험을 제거하기 위해 복도나 작업지역 위로 전원코드를 매단다.
- 덮개가 없는 전기 콘센트는 플라스틱 안전 플러그로 덮는다.
- 전기코드와 플러그를 매일 점검하고 마모, 손상된 경우에는 폐기한다.
- 문어발식 연결을 하지 않는다.
- 코드를 당기지 말고 플러그를 잡고 뽑는다.
- 열, 물, 기름으로부터 전기코드를 멀리한다.
- 연장코드를 상설 전선으로 사용하지 않는다.
- 보호되지 않은 전기코드 위로 이동대차 등이 지나다니지 않도록 한다.
- 바닥을 지나가는 코드는 도관에 넣거나 코드 주위를 널판지 등으로 보호해야 한다.

③ 화재 안전관리

조리작업을 하는 주방에는 전기제품을 많이 사용하기 때문에 누전으로 인한 전기화재의 위험이 항상 존재한다. 또한 가스연료를 많이 사용하므로 이로 인한 직접적인 화재발생 가능성도 높으며, 식용유 등의 인화성물질을 많이 사용하기 때문에 화재발생과 확산이 빨리 진행될 수 있다. 따라서 화재발생 시 조기진압과 대피 등의 요령을 미리 알아두어 재해를 예방하고 피해를 최소화하여야 한다. 그리고 화기 주변에는 지정된 장소에 항상 소화기가 있는지 확인하고 정기적으로 점검하여 유사시 사용에 이상이 없도록 한다.

◈ 재해예방대책

- 급식실 내부와 주변에 판지, 상자와 같은 가연성 물질을 적재하지 않는다.
- 화재 발생 시 경보를 울리거나 큰 소리로 주위에 먼저 알린다.
- 소화기나 소화전을 사용하여 불을 끈다(평소 소화기 사용방법 및 비치 장소를 숙지하고 있어야 한다).
- 몸에 불이 붙었을 경우 제자리에서 바닥에 구른다.
- 기능에 이상이 있는 전기기구와 코드는 사용하지 않는다.
- 뜨거운 오일과 유지를 화염원 근처에 방치하지 않는다.

◈ 소화기 사용 시 주요 위험요인

- 화재의 종류에 부적합한 소화기를 사용
- 소화기 사용방법을 몰라 초기 대응을 못함
- 소화기 노후 및 고장 등으로 인한 화재진압 어려움

❤ 화재의 종류별 특징 및 적용가능 소화기

• 일반 화재(A급 화재)

– 목재, 종이, 섬유 등의 일반 가열물에 의한 화재

– 물 또는 물을 많이 함유한 용액에 의한 냉각소화, 산 · 알칼리, 강화액, 포말 소화
기 등이 유효하다.

• 유류 및 가스화재(B급 화재)

– 제4류 위험물(특수인화물, 석유류, 에스테르류, 케톤류, 알코올류, 동식물류 등)과
제4류 준위험물(고무풀, 나프탈렌, 송진, 파라핀, 제1종 및 제2종 인화물 등)에 의
한 화재, 인화성 액체, 기체 등에 의한 화재이다.

– 연소 후에 재가 거의 없는 화재로 가연성 액체 등에 발생한다.

– 공기 차단에 의한 질식소화효과를 위해 포말소화기, CO_2 소화기, 분말소화기, 할
로겐화물(할론) 소화기 등이 유효하다.

• 전기화재(C급 화재)

– 전기를 이용하는 기계 · 기구 또는 전선 등 전기적 에너지에 의에서 발생하는 화재

– 질식, 냉각효과에 의한 소화가 유효하며, 전기적 절연성을 가진 소화기로 소화해
야 한다. 유기성 소화기, CO_2 소화기, 분말소화기, 할로겐화물(할론) 소화기 등이
유효하다.

• 금속화재(D급 화재)

– Mg분, Al분 등 공기 중에 비산한 금속분진에 의한 화재

– 소화에 물을 사용하면 안 되며, 건조사, 팽창 진주암 등 질식소화가 유효하다.

❤ 소화기의 설치 및 관리요령

• 소화기는 다음과 같이 설치한다.

– 각 층별, 각 실별, 대상물별 방호능력단위 이상으로 설치

– 소형소화기는 보행거리 20m마다 설치

– 대형소화기는 보행거리 30m 이내

– "소화기"표지 게시

• 한 달에 한 번 정도 거꾸로 뒤집거나 흔들어 준다(분말소화기).

• 압력게이지가 홍색부분일 때는 재충전을 한다.

• 매월 1회 이상 청소/부식상태/안전핀 탈락/봉인손상 여부/노즐의 막힘/연결상태/압
력계의 정상여부 점검

• 약제교환(최초 생산일부터 5년 경과되면 교환)

• 2년을 주기로 정밀점검

❤ 소화기 사용법

• 소화기를 불이 난 곳으로 옮긴다.

• 손잡이 부분의 안전핀을 뽑는다.

• 바람을 등지고 서서 호스를 불쪽으로 향하게 한다.

• 손잡이를 힘껏 움켜쥐고 빗자루로 쓸듯이 뿌린다.

• 소화기는 잘 보이고 사용하기에 편리한 곳에 두되 햇빛이나 습기에 노출되지 않도
록 한다.

| 안전핀을 뽑고 | 화염을 향하고 | 손잡이를 강하게 움켜쥐며 | 비로 쓸듯이 소화 |

❤ 소화전 사용법

- 소화전함의 문을 연다.

- 결합된 호스와 관창을 화재지점 가까이 끌고 가서 늘어뜨린다.

- 소화전함에 설치된 밸브를 시계 반대 방향으로 틀면 물이 나온다. (단, 기동스위치로 작동하는 경우에는 ON[적색] 스위치를 누른 후 밸브를 연다.)

옥내소화전함   옥내소화전 방수

④ 환경 안전관리

1. 조리작업자의 안전수칙

- 주방에서는 안정된 자세로 조리작업에 임해야 하며, 특히 주방에서는 주방 바닥의 상태를 고려하여 뛰어다니지 않아야 한다.

- 조리작업에 편리한 조리복과 안전화를 착용해야 하며, 뜨거운 용기를 이동할 때에는 마른 면이나 장갑을 사용해야 한다.

- 무거운 통이나 짐을 들 때는 허리를 구부리는 것보다 쪼그리고 앉아서 들고 일어나도록 해야 한다.

• 짐을 들고 이동할 때에는 뒤에 뜨거운 종류의 물건이 있는지 항상 살펴보고 이동해야 한다.

⊗ 개인보호구 사용

보호구는 재해나 건강장해를 방지하기 위해 작업자가 착용하는 기구나 장치를 의미하며, 사업주는 유해 · 위험한 작업을 하는 근로자에 대해서 작업조건에 적합한 보호구를 지급하여야 하고 근로자는 지급받은 보호구를 착용한 후 작업을 실시한다.

⊗ 고기 손질용 장갑

스테인리스로 된 장갑을 작업에 사용을 하는 업장이 늘어나고 있으며 손을 다칠 위험요소가 줄어들고 반영구적 사용이 가능하여 경제적이며 소독하여 사용하기 때문에 위생에 안전하다.

조리업무를 위한 보호구

| 쇠그물 장갑 | 베임방지장갑 | 미끄럼방지장화 |

◈ 안전사고의 방지법

• 화상사고 방지법

- 뜨거운 음식 등을 옮길 때에는 행주나 앞치마를 사용하지 말며 마른행주나 헝겊을 사용한다.
- 오븐에서 조리한 후 꺼낸 팬 등은 각별히 주의한다.
- 튀김을 할 때에는 주변을 깨끗이 정리정돈을 한 후 조리한다.
- 뜨거운 스프나 끓는 물에 재료를 투입할 때는 미끄러지듯이 넣는다.
- 열과 스팀이 발생하는 장비를 열 때에는 안전조치를 하고 연다.
- 뜨거운 용기를 이동할 때에는 주위 사람들에게 환기시켜 충돌을 방지한다.

• 낙상사고 방지법

- 몸에 맞는 청결한 조리복과 작업활동에 알맞은 안전화를 착용한다.
- 바닥에 식용유와 버터, 동물성지방, 핏물 등의 이물질이 있을 때에는 즉시 제거한다.
- 주방에서는 뛰거나 서두르지 않는다.
- 주방 내 정리정돈을 생활화한다.
- 바닥이 미끄러우면 주의표시를 함으로써 다른 종사자가 피해갈 수 있도록 한다.
- 발이 걸려 넘어질 우려가 있는 곳은 수리하거나 제거한다.
- 출입구나 비상구는 항상 깨끗하고 안전하게 관리한다.

◈ 근골격계질환 예방

과도한 힘의 사용 및 고정된 자세 등에 의해 목, 어깨, 허리, 손목 등의 근골격계 질환 위험이 높아지고 있다. 특히 작업시간과 휴식시간의 구분이 없이 과도한 업무 수행 시 통증이 발생하므로 주의해야 한다.

⊗ 재해예방대책

- 부적절한 자세가 아닌 중립자세를 유지한다.

  - 부적절한 자세로 정적인 작업이 아닌 중립자세를 유지하도록 습관

  - 작업 중 중립자세 유지가 가능하도록 작업영역, 작업도구, 작업대 등을 작업자에게 적합하게 맞춤

- 고정된 정적인 동작을 없앤다.

  - 정적인 동작 유지작업의 경우 작업장의 재설계, 작업기구 개선 등의 개선조치

  - 작업 중간에 규칙적인 휴식시간을 가질 것

  - 작업 전후 및 휴식 시 근골격계 부담 감소를 위한 스트레칭 등을 적절히 실시

- 무리한 힘을 가하지 않는다.

  - 많은 근력을 사용하는 작업의 경우 충분한 휴식을 취할 것

  - 무리한 힘을 요구하는 작업기구를 개선

  - 가급적 인력이 아닌 동력을 이용한 기구로 교체

  - 미끄러운 물체가 있는 경우 마찰력을 증가하여 미끄러움을 감소

  - 작업에 충분한 공간을 유지

- 반복적인 작업을 줄인다.

  - 반복작업에 의한 근육 및 힘줄의 피로 경감을 위해 충분한 휴식을 취할 것

  - 같은 근육을 반복하여 사용하는 경우 작업을 변경하여 순환 실시

  - 가능한 공정을 자동화 할 것

  - 작업전 · 후 및 휴식시 근골격계 부담 감소를 위한 스트레칭 등을 적절히 실시

- 진동강도가 낮은 전동기구를 사용한다.

  - 전동기구는 가급적 진동강도가 낮은 기구로 교체하여 사용

  - 전동기구의 사용을 최소화

– 전동기구의 점검 및 보수를 철저히 실시

• 적절한 스트레칭을 실시한다.

• 근골격계부담작업을 하는 경우 유해요인조사를 실시한다.

– 설비 · 작업공정 · 작업량 · 작업속도 등 작업장 상황

– 작업시간 · 작업자세 · 작업방법 등 작업조건

– 작업과 관련된 근골격계질환 징후와 증상 유무 등

• 5kg 이상의 중량물 취급 작업 시에는 물품의 중량과 무게중심에 대한 안내표지를 게시한다.

• 근골격계부담작업에 종사하는 근로자에게 근골격계부담작업의 유해요인, 증상, 대처요령, 올바른 작업방법 등에 대해 교육을 실시한다.

 안전한 인력 운반작업

작업 전 확인하기   운반보조도구 사용하기   같이 운반하기

조심해서 내리기   올바른 중량물 취급

⊗ 작업장 바닥 및 통로

음식 조리실 바닥은 물기가 남아있거나 기름 등이 바닥에 떨어지는 등의 이유로 조리 작업자가 미끄러져 넘어질 위험이 높다. 또한 식자재 세척 및 청소작업 후 바닥에 방치되어 있는 호스나 전선 등 장애물에 걸려 넘어지는 재해가 많이 발생하고 있으며 특히 무거운 물건이나 뜨거운 음식물을 운반하는 경우 위험성이 더욱 크다. 조리실 바닥의 트렌치 덮개가 탈락되어 걸려 넘어지거나 통로에 설치된 시설물에 부딪치는 경우도 많이 발생한다.

안전한 조리실 통로 확보를 위해서는 식자재 및 식기류 등은 조리실 또는 별도의 보관 장소에 구분하여 정리정돈을 하여야 하나 실제 조리실에서는 좁은 조리 공간 등의 이유로 안전통로가 확보되지 않는 경우가 많다.

재해방지를 위해서는

- 조리실(주방) 바닥은 미끄러지지 않는 재질로 설치하고 기름기, 물기 등은 즉시 제거한다.
- 바닥재질 교체가 불가능한 경우 미끄러운 부분에는 미끄럼방지 테이프를 부착하는 등의 방법을 통해 미끄럽지 않도록 조치한다.
- 작업공간별 출입구의 턱, 돌출부위에 걸려 넘어지지 않도록 턱 등을 제거한다.
- 작업장 내 적정한 조도 확보를 위한 조명시설을 설치한다.
- 문턱 등의 설치가 불가피한 경우 완만하게 경사가 지도록 보조시설을 설치한다.
- 물 세척을 위한 호스는 작업장 바닥에 방치되지 않도록 벽붙임식 방식을 사용하고, 사용 후에는 호스를 감은 상태에서 보관한다.
- 작업장 바닥은 청소작업 중 사용한 물이 고이지 않도록 바닥의 경사를 주거나, 배수용 트렌치 등 배수구를 둔다.
- 겨울철에는 조리실(주방) 주변 바닥과 계단 등이 얼지 않도록 물기를 제거하고, 바닥

에 빙판이 없는지 확인하면서 보행한다.

• 조리실(주방) 내 물 호스 등은 사용 후 즉시 정리정돈을 하고 조리실(주방) 내에서는 급히 걷거나 뛰지 않는다.

• 조리실(주방) 청소 시 미끄럼주의 표지판을 설치하고, 청소 후에는 반드시 배수로 덮개(트렌치 판)를 덮는 등 필요한 조치를 한다.

04

단체급식의
조리기기

단체급식은 조리시간이 정해져 있어 급식조리종사원은 정해진 시간 내에 목적을 달성하기 위해 급식인원에 따라 대량 조리기기를 선택하여 사용한다.

사용할 기기 선택 시 다음 사항을 유의한다.

- 취급이 간단할 것
- 안전할 것
- 유지비가 적게 들 것
- 수리가 간단할 것
- AS를 위해 신용 있는 상표일 것
- 기계의 유지면적이 적을 것
- 청소가 용이한 것

반입, 검수기기

반입, 검수 단계에서는 검수대와 운반차를 구비하고 급식소에 납품된 식품은 바닥에 방치되지 않아야 한다. 무게를 측정하기 위해서는 저울이 필요하며 적외선온도계 등이 필요하다.

검수대는 청소가 용이하여 세균이 생기거나 교체오염이 되지 않도록 해야 한다. 검수는 빠른 시간 안에 주문된 내용, 무게, 개수, 식품의 신선도 등을 체크하고 저장 또는 사용 주방으로 이동한다. 이동시에는 물건이동에 용이한 카트를 선택하여 적재한 후 안전하게 이동한다.

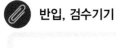
반입, 검수기기

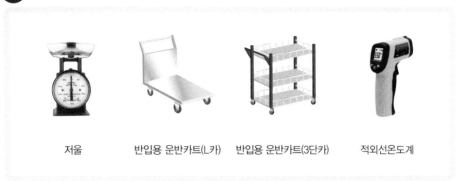

저울   반입용 운반카트(L카)   반입용 운반카트(3단카)   적외선온도계

반입된 식품 중 냉동품은 검수 즉시 냉동실(-5~-20℃)에 보관을 하거나 당일 사용 분만 해동하여 사용이 가능하도록 하며, 냉장(0~10℃)이 필요한 제품은 외부에서 들어 온 식품포장지를 교체하여 냉장고에 보관한다. 실온에 보관해야 하는 건조창고 저장 용 식품들은 종류별로 체계적으로 적재하며 해충의 침입을 막기 위해 방충시설 및 방서 시설, 온도, 습도를 유지할 수 있도록 환경조건을 맞추어야 한다. 온도는 15~25℃, 습도 50~60%가 적당하다.

② 전처리기기

단체급식에 전처리는 많은 비중을 차지하며 이용되는 기기도 다양하다. 싱크대, 작업 대, 선반, 세미기, 박피기, 절단기, 블렌더, 믹서, 분쇄기, 골절기, 슬라이서 등이 있다.

1. 세미기

세미기는 대량의 쌀을 빠른 시간에 씻을 수 있는 기기로, 수압식, 전동식, 공기방울식이 있다.

수압에 의한 낙하 차이를 이용한 수압식 세미기는 소량의 쌀을 씻기에 적합하다. 전동식 세미기는 물을 분사함과 동시에 회전봉이 회전을 하며 세미하는 방식으로 대량의 쌀을 씻을 때 사용하고 공기방울을 이용하여 쌀을 씻는 공기방울식 세미기도 있다.

보통 20kg씩 넣어 쌀을 씻어 불리는데 많은 사람의 밥을 준비해야 하기 때문에 쌀을 씻기에 유용한 기기이다.

 세미기

2. 채소절단기

전기 모터를 통해 회전하는 칼날이 내장되어 있어서 채소를 여러 종류의 모양이나 크

기로 절단해 주는 기계로서, 사람이 절단하는 것보다 일
정한 품질로 신속하게 작업할 수 있다. 채소 전처리 목적
에 따라 다양한 형태의 칼판이 있으며, 슬라이스용 칼판,
채 칼판, 사각썰기 칼판 등이 주로 사용된다. 사용 후에는
전원을 빼고 기기를 분리하여 세척한다.

3. 파절기

파를 투입구에 넣어 주면 전기 모터의 힘으로 회전하
는 칼날을 통해 파를 채 써는 기계로서, 사람이 손으로
일일이 파를 썰 필요가 없고, 일정한 간격으로 깔끔하게
단시간에 많은 양의 파를 신속 하게 썰 수 있다. 구조는
전원버튼, 칼날뭉치 외부 덮개, 깔대기(파 투입구) 등으
로 구성되어 있으며, 덮개 내부는 파를 일정한 규격으로 잘라주도록 날이 서로 맞물려
회전하는 칼날뭉치(상부/하부)로 구성되어 있다.

골뱅이무침, 파닭, 파채피자, 파채불고기 등 파채를 많이 사용하는 메뉴들에 유용하다.

4. 감자탈피기

감자 껍질을 제거하기 위한 기기로 20~30kg 용량을 10분 정도에 탈피할 수 있어 효율
적이다. 내부에 원통이 있으며 원통 내부 벽면과 회전판이 일반적으로 금강석이 혼합
된 재질로 되어 회전하면서 껍질을 벗기는 구조로 되어 있다. 금강석 재질은 각종 세균
과 식중독균으로부터 위험에 노출되어 있어 스테인리스 재질의 타공탈피기를 사용하기

도 한다. 또한 탈피기 사용 시 조리장 바닥에 물이 많이 튀므로 미끄러짐 사고에 대한 주의가 필요하고, 탈피 후 수작업으로 씨눈을 제거하는 작업이 이어져야 하는 번거로움도 있다.

단체급식에서 감자는 다양하게 사용이 되며 작업시간을 단축하기 위해 껍질을 벗긴 감자를 구매하여 사용하기도 한다.

5. 다짐기

마늘, 생강, 양파, 고추 등의 채소를 곱게 다져주는 기계로서 주로 양념용 재료를 만들거나 많은 양의 채소를 분쇄, 혼합하고자 할 때 사용한다. 채소뿐 아니라 육류, 생선류 등 다양한 식품재료와 냉동/냉장류 재료, 잔뼈 등의 분쇄도 가능하다. 구조는 전원버튼, 투입구, 배출구, 회전칼날 등으로 구성되어 있고, 용도에 따라 크게 채소용, 육류용으로 구분되며 형태, 크기, 용량 등이 다양하다.

경우에 따라 마늘, 생강 같은 경우는 다져진 상태로 구매하여 사용하기도 하지만 특정 지역에서 직거래 등의 계약구매로 직접 갈아서 사용하는 업장들도 있다.

 다짐기

6. 골절기

뼈가 있는 고기 등을 자를 때 사용하는 기계로써 보통 정육점, 육가공업체, 식당에서 사용하며, 냉동 상태의 육류도 절단이 가능하다. 작동원리는 회전 띠톱에 의해 절단물을 자르는 방법이며, 대체적으로 부피가 크지 않아 좁은 공간에서도 사용이 가능하다. 구조는 전원버튼, 회전띠톱, 띠톱풀리(상/하), 작업대, 외부 덮개, 톱날 가이드 등으로 구분되며, 덮개 내부의 띠톱이 상/하 풀리에 접착되어 회전하면서 재료를 절단하는 형식이다.

사용되는 식품재료는 보통 냉동시켜 골절기에 사용하고자 하는 크기로 손질하여 사용한다. 톱날은 사용에 따라 마모가 되므로 갈아가며 사용을 한다.

한식에서는 LA갈비, 소갈비, 돼지갈비, 소뼈, 돼지뼈 등을 손질 시 사용하며, 양식에서는 T-Bone Steak, 소뼈, 돼지뼈 등에 사용한다.

골절기 사용 시에는 시선을 절대로 기기에서 떼어서는 안 된다. 톱날이 위험하기 때문에 집중하여 사용해야 하며, 원하는 두께(크기)로 절단이 가능하다.

 골절기

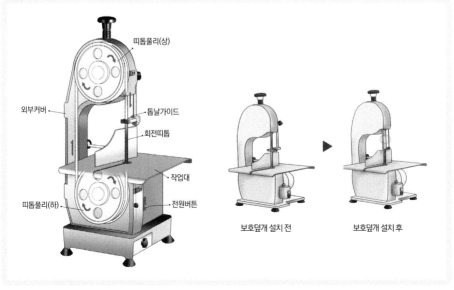

7. 육절기(meat slice)

  뼈 없는 고기, 햄과 같이 연육상태의 재료를 자르는 기계로 주로 음식점, 마트 축산 코너에서 사용되고 있다. 냉동육은 전용 냉동육절기를 사용하여야 하며, 특히 뼈가 있는 고기는 골절기를 사용해야 한다.

  얇고 균일하게 고기나 햄, 채소를 썰어야 하는 경우 사용하며, 식재료 간에 교차 오염이 이루어지지 않도록 한가지 품목을 사용하면 반듯이 철저한 청소를 하고 다른 식재료를 다루는 것이 필요하다.

  육절기를 사용하여 손질한 햄이나 채소 등은 익히는 과정 없이 즉시 섭취가 가능하도록하는 메뉴가 많기 때문이다.

 육절기

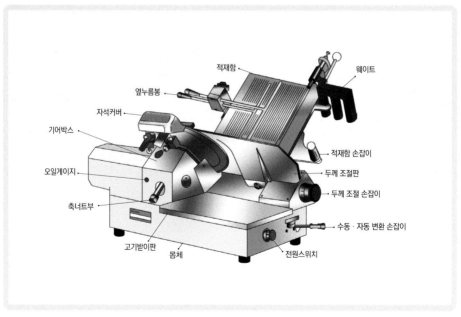

8. 연육기

생선, 고기 등에 칼집을 내어 육질을 부드럽게 만드는 기계로 고기 등이 양쪽 2개의 칼날 롤을 통과하면서 자동으로 칼집이 형성되는 구조이다.

고기 등을 투입할 때에는 방망이로 밀어 넣어야 하고 내부에 찌꺼기가 자주 끼므로 사용 후 칼날뭉치를 분해 · 세척해야 재사용 시 용이하다.

연육기를 사용하여 식재료를 준비하는 대표적인 메뉴는 포크커틀렛(돈까스)이다.

- 칼날 또는 톱날에 신체 접촉 방호 덮개를 설치한다.
- 식자재 투입 시 미는 봉(판) 등 보조도구를 사용한다.
- 회전 또는 운전(사용) 중 청소를 하지 않는다.
- 손가락 베임 방지용 장갑 등 보호구 지급 · 착용한다.
- 기계류 이상 작동 시 기계전원 차단 후 완전히 정지된 상태를 확인하고 작업한다.
- 칼날 세척, 교환, 청소 시 반드시 전원 차단 후 실시한다.
- 칼날 교체, 청소 등 위험작업 시 미숙련근로자에게는 작업을 시키지 않는다.
- 가공 기계류 외함접지 및 누전차단기를 설치한다.

9. 반죽류 가공작업

자장면, 칼국수 등의 음식을 조리하는 음식점에서는 밀가루 등에 대한 반죽을 하는 경우가 많다.

반죽을 만드는 방법에는 손으로 직접 면을 만들어내는 수타방법과 반죽기 등을 이용하여 면을 만들어내는 방법이 있다.

반죽기를 이용하여 만들어진 반죽은 제면기를 통해 칼국수, 자장면 등 각종 메뉴의 면으로 가공된다. 반죽기는 전기모터를 이용하여 모터에 연결된 회전날을 통해 반죽을 하는 기계이다. 밀가루와 물의 혼합비를 일정하게 유지하여 손으로 반죽하는 것보다 신속하게 일정한 품질로 많은 양을 반죽할 수 있다.

구조는 전원버튼, 교반실(용기), 고정레버(높이조절레버), 모터, 보호덮개(안전가드) 등으로 구분되며, 회전하는 날개 축에 의한 자동반죽으로 많은 양의 반죽을 신속하게 생산할 수 있다.

제면기는 밀가루 반죽을 알맞은 두께로 펼쳐서 칼로 자르는 작업을 하는 기계로써, 시간과 힘을 절약하고 빠르고 손쉽게 여러 종류의 면을 대량으로 만들 수 있다. 구조는 전원버튼, 절취핸들, 조절핸들, 면판, 롤러, 외부 덮개, 등으로 구분되며, 작동 원리는 면을 홍두께로 여러 번 반죽을 미는 형식과 동일하다.

 반죽기

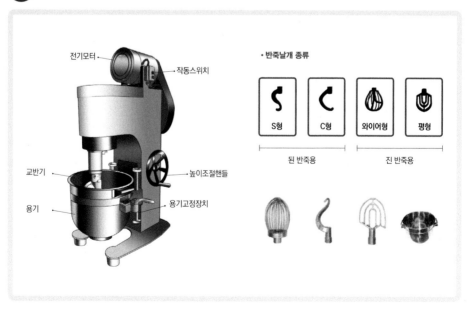

제면기

제면기 내부롤러

제면기 상단면   비상정지 스위치

제면기 측면덮개 설치   보호덮개

- 재료(반죽) 입구/출구를 제외한 나머지 맞물림 위험이 있는 부위에 보호가드를 설치하여 롤러 노출부를 최소화한다.
- 식자재 투입 시 미는 봉(판) 등 보조도구 사용한다.
- 보안경, 작업모, 작업화, 작업복 등 개인보호구를 착용하고 복장을 단정히 한다.
- 기계류 이상 작동 시 기계전원 차단 후 완전히 정지된 상태를 확인하고 작업한다.
- 회전 또는 운전 중 청소금지하며 세척, 교환, 청소 시 반드시 전원 차단 후 청소를 실시한다.
- 반죽용 재료를 과다하게 투입하지 말고, 무리한 힘으로 밀어내지 않는다.

10. 작업대

작업대는 식재료 작업을 수행하거나 기
기 등을 올려 작업하는 테이블로 재질은
스테인리스 스틸이 반영구적이고 청소
도 용이하며 작업대의 높이는 일반적으로
820~900mm가 적당하다.

③ 가열조리기

1. 취반기

취반기는 가스(LPG, LNG) 등을 주 연료로 하여 대량의
밥을 짓는 기계를 말한다.

취반기의 구조는 스텐레스 재질의 상판, 측판, 후판, 저
판, 도어, 뚜껑, 제어함, 내부솥, 버너, 노즐, 가스배관, 공
기조절기, PCB 기판 및 각종 안전장치 등으로 구성되어
있다.

가스취반기는 1단, 2단, 3단 등으로 각 칸마다 취반실이
나누어져 있으며, 최대 50인용 밥솥이 대부분이다. 식수 인원에 따라 밥솥을 몇 단까지
사용할지를 결정하여 취사하며 약 35분이면 밥이 완성된다.

연속취반시스템은 시간당 1,000~2,000명분을 취사할 수 있는 기기로 깨끗하게 세미한 쌀을 솥에 분량의 물과 담아 가스직화식으로 취
반, 뜸들이기를 하는 기기기로 모든 작업이 컨베이
어에 의해 이동되어 자동으로 이루어지므로 조작이
쉽고 인건비가 절약된다.

2. 밥보온고

밥보온고는 취사된 밥의 보온을 위해 사용하는 전기기계기
구이다.

밥그릇에 뜨거운 밥을 밥그릇에 덜어 놓은 후 보온고에 보관
하는 용도로 용량에 따라 차이가 있으나 약 50~100여 개의 밥
그릇을 보온할 수 있다.

밥보온고는 단시간에 많은 사람에게 식사를 동시에 제공할 때 유용하게 사용할 수 있
으나, 준비해 둔 밥이 밥보온고에 너무 오래 있다가 서비스가 되면 수분증발 및 밥의 품
질변화로 손님들의 불만을 살 수 있기 때문에 적절하게 사용하는 것이 좋다.

3. 가스테이블

가스테이블은 음식점의 조리실에서 취사용으로
사용하고 있는 대표적인 연소기기이다.

육수를 끓이거나 볶고 지지고 하는 등 다양한 요
리를 할 수 있는 설비로 식수인원과 메뉴에 따라 가
스테이블은 설비되어야 한다.

4. 회전식 국솥

회전식 국솥은 가스(LPG, LNG), 보일러 증기(스팀)를 가열원으로 하여 국을 끓이거나, 조림, 또는 죽, 볶음 등의 조리작업 및 조리기구 열탕 소독 시 사용하는 설비이다.

조리 후 내용물 배출이 용이하도록 솥이 기울어지는 조리 기구이며, 단시간에 다량의 음식물을 조리할 수 있고 다목적으로 사용이 가능하다.

회전식 가스 국솥은 솥이 쇠로 만든 것이 대부분이며, 스팀솥은 스테인리스 스틸 재질이 대부분이다. 가스솥보다 스팀솥은 음식을 조리하는 속도나 음식의 질은 높게 평가받을 수 있으며 청소관리도 용이하다. 하지만 초기 설치비용이 높다는 것은 단점이다.

 회전식 국솥

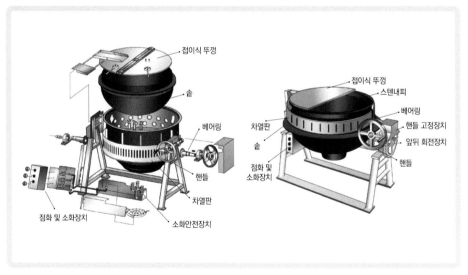

5. 튀김기

기름을 이용하여 튀김조리를 할 수 있게 해 주는 기계로써 재료를 튀기는 과정에서 발생하는 수분을 감소시켜 제품의 품질을 높이는 한편, 단시간에 대량의 식재료를 간편한 조작으로 조리할 수 있는 기계이다.

튀김기는 자동으로 온도를 맞추어주는 기능이 있어 일정온도에서 튀김을 할 수 있기 때문에 좋은 품질을 만들 수 있다.

LPG, LNG 등의 가스를 이용하거나 전기를 이용하여 식용유가 들어 있는 용기의 바닥을 가열하여 온도를 약 165℃까지 상승시킨 후에 식재료를 식용유에 넣어 튀김음식을 만드는 기계로 통닭 또는 돈가스 등을 대량으로 만드는 튀김전문 식당 등에서 자주 사용하고 있다. 또한, 가정에서 아이들의 간식 준비 혹은 소규모 식당에서 메뉴의 다양화를 위한 가정용 소형 튀김기의 사용이 증가하고 있다.

 튀김기

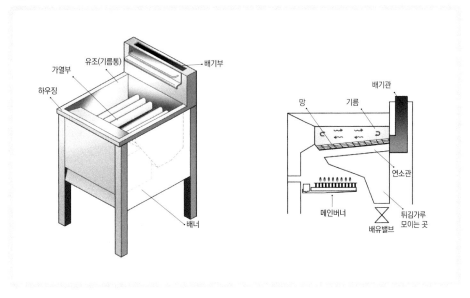

6. 부침기(번철)

부침기란 두꺼운 철판으로 만들어져 육류, 가금류, 채소, 생선 등을 볶을 때나 굽거나, 전류를 할 때, 달걀요리를 할 때 등에 사용하는 열조리기구로, 가스 사용과 전기 사용형 두 가지가 있다.

부침기는 상부 전면에 사용 중 발생되는 기름을 모을 수 있는 기름도량과 기름통이 부착되며 하부 구조는 가스테이블과 동일하다. 상판은 열의 분포가 고르게 되도록 두꺼운 철판(20~25mm)을 사용한다.

부침기는 매일 사용 후 청소를 실시하여 기름때 등이 있지 않도록 관리하여야 하며 청소 후에는 물기를 제거하고 기름으로 코팅을 하여 사용해야 한다.

 부침기

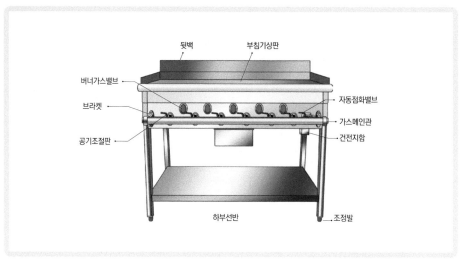

7. 오븐

오븐은 기구 속에 음식을 넣고 사방에  서 보내는 열로 음식을 익히는 조리 기구 의 하나로 짧은 시간에 다양한 종류의 요 리를 만들 수 있고, 미리 준비한 음식을 방 금 요리한 것 같은 최적의 상태로 재생이 가능하다.

오븐은 종류가 다양하므로 각각의 특징을 고려해 적합한 기기를 선정해야 한다.

오븐의 종류는 표준형(렌지 아래에 설치되는 형태), 컨벡션, 데크, 로터리, 컨베이어, 마이크로웨이브, 저속 로스팅 등 다양한데 가장 많이 쓰이는 것은 콤비오븐기라고 불리 는 스팀 컨벡션 오븐이다.

컨벡션 오븐은 내부 팬이 장착되어 있어 이 팬이 회전하면서 가열된 공기를 고속으로 순환 시키므로 열전달이 촉진되고 조리 시간이 단축되는 장점이 있으며, 에너지 효율이 높은 편이고 공간을 많이 차지하지 않아 상업용 급식시설에서 많이 쓰이는 기기의 하나 이다.

콤비오븐(스팀컨벡션오븐, 다기능오븐)은 컨벡션 오븐과 찜기(스티머)를 결합한 기기 로, 콤비오븐의 열원은 대류열과 스팀 두 가지이다. 비용이 높은 것이 단점이나 다양한 조리가 가능하고 주방공간을 절약할 수 있다는 점에서 많이 사용되고 있다.

4 저장, 보관 기기

1. 저장관리

1) 저장관리의 의의

구매한 물품을 수요자에게 공급할 때까지 일정기간 동안 적절한 방법을 통해서 변질이나 손상되지 않는 원상태 그대로의 품질과 수량을 보존관리하는 것을 저장관리라고 한다.

일반적으로 검수가 완료된 물품은 그 종류와 특성에 맞게 최상의 품질을 유지하기 위해 최적의 상태로 저장관리하게 되는데, 이때 입고관리, 출고관리, 재고관리의 업무가 이루어진다.

저장관리의 목적은 다음과 같다.

- 적정재고량의 유지
- 도난 및 부패방지
- 체계적이고 위생적인 물품의 분류 및 적재 · 보존
- 적정재고량의 유지
- 원활한 입 · 출고 업무의 수행
- 자산의 보존

2) 저장관리의 원칙

저장기간 중 발생할 수 있는 물품의 품질유지비용 등을 최소화하기 위해 저장관리담당자는 다음의 저장관리 원칙을 반드시 고려해야 한다.

(1) 위치 표식화의 원칙

저장해야 할 물품은 품목별, 규격별, 품질 특성별로 분류한 후 저장고 내의 일정한 위치에 표식화하여 저장한다. 표식화는 물품을 찾을 때 용이하고 재고조사 시에도 혼란과 복잡함을 줄여주며 시간과 노력을 최소화할 수 있다.

(2) 분류저장의 원칙

저장고에 물품을 저장할 때에는 품목별로 분류한 후 입출고의 빈도수, 가나다순, ABC순 등으로 정렬하여 저장한다.

(3) 선입선출의 원칙

선입선출(first-in-first-out: FIFO)의 원칙이란 저장시설에 먼저 입고된 물품이 먼저 출고되어야 한다는 원칙이다. 즉, 물품 적재 시 저장관리자는 저장식품의 유통기한을 고려해서 나중에 입고된 물품은 현재 보관중인 물품의 뒤쪽에 적재하고 유효일자나 입고일을 기록함으로써 선입선출에 따라 출고관리가 이루어지도록 한다.

(4) 품질 보존의 원칙

식품을 납품된 상태 그대로 품질과 수량의 변화 없이 보존해야 한다는 원칙이다.

저장실은 온도, 습도, 통풍 등을 세심하게 관리하고 구서·구충 등의 기능을 갖춘 시설을 활용하여 품질변화를 최소화해야 한다. 또한 물품의 도난이나 부정유출을 방지하기 위해 저장창고에 잠금장치를 설치하고 출입을 제한한다.

(5) 공간활용 극대화의 원칙

물품을 저장하기 위해서는 물품의 양과 부피를 수용할 수 있는 점유공간과 물품을 운반할 수 있는 이동공간 등 충분한 공간 확보가 필수적이다. 하지만 과도한 공간확보는 급식소의 관리비용을 상승시킨다. 따라서 확보된 공간의 활용을 극대화함으로써 경제적 효과를 높여야 한다.

2. 저장시설

저장시설은 식품이나 물품을 보관 및 적재하는 제반시설로서 물품에 따라 상온저장시설(건조창고), 냉장저장시설, 냉동저장시설로 구분한다.

1) 저장시설의 조건

(1) 위생성

저장고는 우선 청결과 정리 · 정돈상태의 유지가 기본적으로 선행되어야 하고, 쥐 · 바퀴벌레 · 곤충 · 세균 · 곰팡이 등 구서 · 구충시설과 미생물 오염방지 등 위생관리에 만전을 기해야 한다. 특히 적절한 온도 및 습도관리, 원활한 통풍 · 채광 등 여러 가지 기능을 발휘할 수 있는 시설구비와 관리가 이루어져야 한다.

(2) 안전성

저장고의 안전성은 주로 시설관리가 중점인데 안전사고에 대비한 인원, 물품의 적재방법, 선반, 설비, 사다리, 냉동 및 냉장시설 내부에 설치된 개폐장치, 소화기의 배치 등 안전관리에 세심한 주의를 기울여야 한다.

(3) 보안성

저장고의 책임자는 열쇠관리, 출입자의 제한, 비상용 열쇠 등 저장고 내의 자산관리에 만전을 기해야 한다.

(4) 배열성

저장고 내의 물품의 구획별 배치, 순서에 의한 진열 및 적재, 사용빈도에 따른 분리저장 등 합리적이고 효율적인 관리운영이 필요하다.

(5) 접근성

식품저장고의 위치는 취급품목, 거래량, 입출고 빈도수, 구매정책 등에 따라 다르지만, 일반적으로 다음과 같다.

- 입 · 출고관리가 용이한 장소에 위치
- 신속한 저장이 가능하고 부서간의 업무협조가 편리한 위치
- 건물 내의 동일 층에 검수구역 · 생산구역 · 저장고가 있으면 유리
- 납품장소와 저장고가 운반동선을 고려할 때 가능한 직선 단거리에 위치
- 검수구역과 생산구역에 인접거리에 위치

3. 저장시설의 종류

1) 건조창고

건조창고는 보관식품의 성격에 따라 양곡창고, 건채소창고, 조미료창고, 가공식품창고, 세제 등의 비품 및 주방용 소기구와 식기창고로 분류하는데 유사한 품목들은 함께 보관하여 공간을 절약할 수도 있다.

건조창고는 해충의 침입을 막기 위한 방충시설 및 방서시설과 적정온도 및 습도를 유지할 수 있는 환경조건을 갖추어야한다. 대체로 건조창고는 온도 15~25℃, 습도 50~60%가 적당하다. 온도계와 습도계를 설치하여 각 공간의 온도와 습도를 관리하고, 채광과 통풍상태를 잘 유지하고 공기순환을 위해 환풍시설을 설치한다. 창문은 자연환기를 위해서 천장으로부터 30~50cm 떨어진 위치 창문을 설치하고 방충망 및 잠금장치를 단다. 또한 직사광선 투과를 최소화할 수 있도록 설계한다.

선반은 스테인리스스틸을 재질을 사용하여 최소한 벽면에서 15cm, 바닥에서 25cm 떨어진 곳에 설치한다. 선반의 폭은 60cm 이내가 사용하기 편리하며 1단에는 무거운 식품을 저장하고 2단과 3단에는 비교적 가볍고 자주 사용하는 식품을 저장한다. 설탕 및 밀가루 등 습기를 잘 흡수하는 식품은 선반의 높은 곳에 보관하고 창고 바닥에 방치하는 일이 없어야 한다. 벽면은 방수용 페인트로 도색하여 습기가 생기지 않도록 하며 바닥은 미끄럽지 않으면서 청소가 쉬운 재질로 설비한다.

식품의 유형별로 체계적으로 적재하며, 물품 정면에 라벨을 붙여 재고조사나 출고 시에 시간과 노력을 줄이도록 한다. 건조식품외의 비누, 소독제, 살충제 등의 화학물질은 분리하여 저장한다.

2) 냉장고

냉장고는 온도 0~5℃, 상대습도 75~95%를 유지하는 저장시설로서 주로 냉장 육류, 유제품류, 채소 및 과일류 등의 비저장성 식품의 단기간 저장 시에 이용한다. 해당품목들은 검수 즉시 냉장저장하고 사용 직전에 출고함으로써 품질을 그대로 유지하고 영양가의 손실을 최소화해야 한다. 냉장고의 규모와 종류는 급식소의 규모와 구매방침 등에 따라 달라지는데 일반적으로 급식소에서 이용하는 냉장고에는 창고식 대형 냉장고, 편의형 소형 냉장고, 양문형 냉장고 등이 있다. 워크인 냉장고의 문은 안에서도 오픈이 가능해야 하고 조명이나 신호장치에 의해 냉장고 안에 사람이 있음을 알릴 수 있어야 한다. 냉장고 안은 1개 이상의 온도계를 설치하여 하루 2회 이상 정기적으로 내부 온도를 점검한다.

3) 냉동고

냉동고는 -20~ -5℃에서 장기간의 저장을 요하는 식품에 이용되며, 내부온도는 항상 -18℃ 이하를 유지해야 한다. 냉동식품도 검수 즉시 냉동실로 옮기고 해동한 식품은 재냉동하지 말아야 한다. 정기적으로 성에를 제거하여 정상적으로 작동하는지 확인해야 한다. 냉동저장은 장기보관에 유리하지만 저장기간이 길어질수록 품질저하의 우려가 있으며 특히 냉동상 등에 주의해야 한다. 냉장고와 냉동고는 가급적 열원과 멀리 떨어진 장소에 설치하며, 정기적으로 점검과 청소를 실시한다.

냉장 · 냉동고 온도관리 기록지

<table>
<tr><th colspan="11">냉장 · 냉동고 온도관리 기록지</th></tr>
<tr>
<td rowspan="3">요일
(일자)</td>
<td rowspan="3">확인
시간</td>
<td colspan="4">온도(℃)</td>
<td rowspan="3">청결도
확인</td>
<td rowspan="3">덮개
확인</td>
<td rowspan="3">분리보관
여부</td>
<td rowspan="3">점검자
서명</td>
</tr>
<tr>
<td colspan="2">식품저장용</td>
<td rowspan="2">보존
식용</td>
<td rowspan="2">비고</td>
</tr>
<tr>
<td>냉장고</td>
<td>냉동고</td>
</tr>
<tr><td>월
(/)</td><td></td><td></td><td></td><td></td><td></td><td></td><td></td><td></td><td></td></tr>
<tr><td>화
(/)</td><td></td><td></td><td></td><td></td><td></td><td></td><td></td><td></td><td></td></tr>
<tr><td>수
(/)</td><td></td><td></td><td></td><td></td><td></td><td></td><td></td><td></td><td></td></tr>
<tr><td>목
(/)</td><td></td><td></td><td></td><td></td><td></td><td></td><td></td><td></td><td></td></tr>
<tr><td>금
(/)</td><td></td><td></td><td></td><td></td><td></td><td></td><td></td><td></td><td></td></tr>
<tr><td>관리기준</td><td colspan="9">– 냉장실 5℃이하, 냉동실 –18℃이하
– 냉장 · 냉동고가 2개 이상일 경우, 각각의 냉장고에 대해 작성</td></tr>
<tr><td>검색방법</td><td colspan="9">– 냉장 · 냉동고의 온도 측정
– 빈도: 1식 제공 시 2회/일(출근 후, 퇴근 전)</td></tr>
<tr><td>개선조치</td><td colspan="9">– 냉장 · 냉동고 온도 조정</td></tr>
</table>

4. 저장방법

구입한 식재료는 식품과 비식품(소모품)은 구분하여 보관하고 이미 세척된 채소 및 가열식품과 별도로 관리하고 세척제, 소독제 등은 별도 보관한다. 모든 식품은 반드시 소독된 보관용기에 뚜껑을 덮어두거나 위생적으로 잘 포장하여 보관하도록 한다. 대용량 제품을 나누어 보관하는 경우 제품명과 유통기한 반드시 표시하고 유통기한이 보이도록 진열한다. 또한 입고 순서대로 사용하는 선입선출의 원칙이 잘 지켜지도록 한다.

냉장·냉동고에 식품을 보관할 경우에는 반드시 제품의 표시사항을 확인하고, 표시사항의 보관방법에 따라 알맞게 보관한다. 해동된 식재료는 바로 사용하고 다시 냉동해서는 안 된다. 온도계를 설치하여 냉동고는 −18℃ 이하로 유지시키고, 냉장온도는 0~5℃로 유지시키는 것이 바람직하다. 냉장·냉동고는 정기적으로 스케줄표를 만들어 관리 청결하게 관리하고 냉동고에 경우에는 정기적인 성에제거를 통해 식품의 안전과 품질 유지를 할 수 있도록 한다. 냉장고나 냉동고의 문의 개폐에 따라 온도가 상승할 수 있으므로 최대한 신속하게 여닫고 횟수도 최대한으로 줄인다. 또한 다량의 식품을 수납할 경우 냉기에 대류에 방해가 되므로 용량의 70% 이하, 창고형의 경우 40% 이하를 보관함으로써 적정온도를 유지한다.

가열한 음식은 즉시 냉각하여 냉장 또는 냉동 보관한다. 익힌 음식과 날 음식을 별도의 냉장고에 보관하여 교차오염을 방지한다. 만약 냉장고를 1대로 사용한다면 익힌 음식과 채소, 가공식품 등은 냉장고 상단에 보관하고 생선·육류 등 날 음식은 냉장고 하단에 보관여야 한다. 보관 시에는 품목명과 날짜를 표시한 네임텍을 붙이고, 개봉하여 일부 사용한 통조림은 깨끗한 용기에 담아 개봉한 날짜와 품목명, 원산지 등을 표시하고 냉장보관한다. 또한 상하기 쉬운 채소·과일은 매일 신선상태를 확인한다.

상온창고에 물건을 저장할 때는 식품과 식품 이외의 물품을 각각 다른 장소에 보관하며, 창고는 깨끗하고 건조하며 해충과 쥐 등으로 오염되지 않도록 방충망과 방서망 등으로 철저히 관리하여야 한다. 온도는 10~20℃, 습도는 50~60%가 되도록 유지하며, 통풍과 채광조절이 용이하도록 한다. 식품보관 선반은 벽과 바닥으로부터 15cm 이상 거리를 둔다. 직사광선을 피하기 좋은 곳에 보관하고 외포장 제거 후 보관한다. 식품은 항상 정리정돈 상태를 유지해야 한다.

5 쿨링기기

열을 가하여 만든 음식을 차게 식혀 배식을 하거나 보관하기 전 단계에서 사용하는 기기설비이다.

냉기 팬이 돌아서 뜨거운 음식을 빠르게 식혀 위생상 미생물이 발생하는 것으로부터 안전하게 하고 음식의 품질을 높이는 데 활용을 한다.

보통의 업장에서는 얼음물에 육수 등을 식히는 것이 보편화되어 있으나 대형화된 업장에서는 쿨링기 사용이 많아지고 있다.

음식 고유의 색을 유지하는 데 도움이 되며 오버쿠킹이 되는 것을 막아주는 역할을 하기도 한다.

6 배선기기

1. 배식대

배식대는 뷔페음식점, 단체 급식소 등에서 배식을 위해 이용하는 기기로 전기나 온수, 얼음을 이용해 온도를 유지한다. 보온 · 보냉 배식대와 같은 배식기기는 음식을 가열하거나 냉각시키기 위한 기기가 아니라 음식의 온도를 유지하기 위한 기기이다.

7 세정기기

1. 식기세척기

식기의 세척 및 건조작업은 인력에 의한 작업과 식기세척기 등 기계기구를 이용한 작업으로 나뉜다. 작업효율, 세척시간 및 조리실 공간확보 등의 이유로 인력에 의한 세척작업보다는 식기세척기 등을 이용한 세척 및 건조작업이 점차 확대되고 있다.

식기세척기는 음식점이나 단체급식소 등에서 회수되는 식기를 물리적, 화학적 작용에 의하여 자동 세척, 건조하는 설비이다.

식기세척기는 내부로 세척수를 공급하는 급수구를 통해 유입된 세척수를 모이도록 하는 집수부가 설치되고, 상기집수부에 모인 세척수를 식기세척기의 상부와 하부에 각각 설치된 상부 살수로터의 상부분사구와 하부 살수로터의 하부분사구로 토출되도록 공급관을 통해 공급하는 살수펌프가 설치되며, 상기 살수펌프에 의해 상부분사구와 하부분사구로 토출된 세척수가 배수관을 통해 식기세척기 외부로 배출되도록 구성되어 있다.

식기세척기는 소독방식, 탱크의 수, 세척기에 식기를 넣는 방식에 따라 구분하고 형태에 따라 도어형, 랙 컨베이어형, 플라이트형 식기세척기 등이 있으며 소독방식에 따라 온수 소독 식기세척기와 화학 소독 식기세척기로 구분할 수 있다.

그런데 사용하는 사용자가 식기나 조리도구를 씻지 않고 세척기에 넣어서 세척을 한다면 순환되는 물에 의해 세척이 이루어지기 때문에 비위생적인 처리가 될 수 있다. 모든 세척이 필요한 것들은 1차 세척을 한 후에 식기세척기에 넣어야 한다는 것을 꼭 알아야 한다.

⑧ 소독기기

단체급식에서는 급식자의 컵, 조리용 도마, 칼, 조리도구, 배식도구 등을 소독기기에 넣어 급식자가 안전하게 식사를 할 수 있도록 한다. 또한 식기 세척기에 의한 소독도 일부는 가능하다.

05

단체급식의
운반 및
배식관리

운반 및 배식관리의 목적

단체급식에서 음식은 위생적으로 맛있게 최상의 품질로 만들어 급식자에게 만족할 수 있는 식사를 준비하는 일이다.

따뜻한 음식은 따뜻하게 찬 음식은 차게 서비스되어야 하며 익혀야 하는 음식은 잘 익어야 하며 Over cooking 되지 않게 하며, 설익지 않도록 관리되어야 한다. 또한 준비된 음식은 음식과 어울리는 그릇을 선택하여 보기 좋게 적당량을 색스럽게 담아 식욕을 촉진하고 배식의 상품품질을 높여야 한다.

음식은 조리가 끝난 후 운반, 배식하는 과정에서 증가되는 시간과 거리에 따라 음식품질은 저하될 수 있다. 그래서 최근에는 운반과 배식에 따른 기기들이 많은 발전을 하게 되었다.

대량의 음식을 준비하다 보면 가정식 또는 적은량의 음식과는 다르게 조리과정이 이루어지고 많은 노동력이 필요하기 때문에 종업원의 근무에 질은 급식자에 대면 배식서비스에 태도적 영향을 줄 수 있다. 그렇기 때문에 목적달성을 하기 위해서는 조리업무와 관련된 조리사 인원, 조리시설, 설비, 관리자의 리더십 등은 단체급식의 품질을 향상하기 위한 중요한 요소이다.

 배식의 형태

배식은 적당한 온도를 유지하여 미생물적으로 안전하게 음식을 만족스럽게 배식하는

데 있는데 이는 급식소의 운영목적에 맞게 선택되어야 한다.

음식은 셀프서비스(self service), 쟁반서비스(tray service), 종업원에 의한 서비스(table service), 테이크아웃 서비스(take-out service), 배달서비스(de-livery service) 등으로 할 수 있다.

1. 셀프서비스(self service)

셀프서비스는 급식자가 자율적으로 먹고자 하는 음식을, 먹고자 하는 양만큼 직접 급식그릇에 담거나 주문하여 식사를 한 후 빈그릇을 반납하는 형식으로 인건비를 줄일 수 있는 방법으로 보통의 단체급식소에서 널리 이용되고 있다.

업장의 단체급식 목적에 따라 셀프서비스의 방식은 선택주문식, 뷔페식 등으로 나누어지며 선택주문식은 전통적으로 대학식당, 기숙사, 상업적 급식소에서 주로 이용되었으며, 뷔페식은 보통 호텔을 비롯한 외식업체에서 주로 사용하였으나 최근에는 단체급식에서 널리 이용하고 있으며 대학 기숙사급식, 사업체 급식소 등에서 실시하고 있는데 시간별 급식 인원에 따라 뷔페식의 진열방식은 변화를 주어야 한다. 전체, 메인, 후식을 일자형으로 하기도 하지만 후식의 경우는 후식코너를 따로 진열하는 경우도 많다.

선택주문식 셀프서비스는 음식이 진열되어 있는 카운터 뒤에 종업원이 서서 음식선택을 도와주기도 하고, 공동식사 공간에 여러 종류의 매장들을 배치하여 다양한 음식을 선택하여 섭취할 수 있도록 푸드 코트 콘셉트를 도입하고 영업급식의 목적으로 운영하는 곳도 있다.

조리사는 급식자의 선호도를 미리 파악하여 급식의 양을 조절해야 하며 서비스공간의 위생 관리 및 급식자에 대한 대면 서비스를 실시하여야 한다.

2. 쟁반서비스(tray service)

쟁반서비스는 식당을 이용하는 것이 불가능한 급식자를 위한 서비스로, 쟁반위에 음식이 담긴 그릇을 조합하여 배식원이 급식자에게 가져다주는 형태이며, 호텔의 룸서비스, 비행기의 기내식, 병원의 입원환자, 양로원의 거동이 불편한 노인 등이 이용하게 된다.

• 호텔의 룸서비스는 호텔에 숙박을 하는 고객이 식당에서 식사를 하지 않고 고객이 사용하는 룸에서 단독 식사를 하기 위해 룸에 비치된 메뉴판 중에서 선택하여 주문하면 웨이터가 서비스카트에 식사를 실어 이동한 후 서비스를 하게 된다. 서비스카트는 온장고를 이동설치할 수 있어서 따뜻한 음식을 식지 않고 서비스할 수 있도록 도와주는 기기이다. 룸서비스를 할 수 있는 전용 엘리베이터를 운영하여 최고의 서비스가 되도록 하고 있다.
예전에는 룸서비스업장의 업무이었으나 요즘 호텔의 업장운영형태의 변화로 커피숍이 24시간 운영되면서 함께 업무를 보기도 한다.

병원 입원환자의 일반식

병원 배식원이 사용하는 카트

병원 입원환자의 식사 구별의 예

비행기 기내식의 예

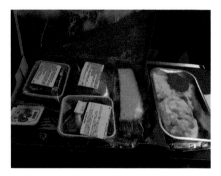

비행기 승무원 기내식서비스

비행기 기내식의 예

• 비행기의 기내식은 여행자를 위한 급식서비스로 음식은 여행자가 예약을 하면 비행기에 탑승하는 여행자(승객) 수에 따라 급식을 준비하는데 좌석에 따라 차등 급식을 실시하며, 항공사별로 계절에 따라 담는 그릇과 메뉴가 각기 다르게 준비된다. 비행거리에 따라 적당한 식사시간과 횟수가 결정되며, 승무원들이 음식을 배합한 후 쟁반 위에 차가운 음식과 뜨거운 음식을 놓고 배식하게 된다.

비행기 급식은 지상에서 음식을 만들어 이동카트에 실어 급식을 보관운반하며 최상의 품질을 유지하려고 하며, 대한항공, 아시아나항공의 경우 타 항공사의 기내식을 업무협조하여 함께 준비하고 있다. 한식, 양식, 중식 등 업장은 분리되어 있으며 음식을 만들고 포장하는 모든 과정에서 가장 중요한 요소는 식품위생이기 때문에 개인위생 및 조리에 위생은 강조되고 있는 실정이다.

항공권 예약 시 또는 출발 하루 전까지 유아식이나 어린이 기내식, 특별식을 신청할 수 있다. 젖먹이 유아를 위해서는 분유가, 어린이를 위해서는 햄버거, 오므라이스, 샌드위치, 스파게티 등 어린이들의 입맛에 맞춘 음식이 서비스된다.

A항공사의 경우는 심장질환자를 위한 저지방식, 소화기질환자를 위한 연식, 고혈압환자를 위한 저염식 등의 특별식도 준비해 두었으며 기내식 시간 외에도 틈틈이 주스, 물, 맥주, 와인 등의 음료와 간식이 제공되며 필요하다면 스튜어디스를 호출하여 부탁할 수도 있다. 단, 기내에서의 음주는 평상시보다 훨씬 빠르고 쉽게 취하므로 과음하지 않도록 주의해야 한다.

항공사에 따라서는 샌드위치, 쿠키, 사탕, 컵라면 등 간식을 자유롭게 가져다 먹을 수 있는 스낵바를 마련하여 두기도 한다.

• 병원의 입원환자를 위한 쟁반서비스의 방식은 중앙배선과 병동배선 있는데, 중앙배선은 주 조리장에서 개인별로 상차림을 하여 운반차 또는 냉장과 온장차로 배식하는 방식인데, 주 조리장에서 병동단위로 음식을 배분하여 병동의 배식실로 운반하여 개인별 상차림을 한 후 배식하는 방법은 병동배선이라고 한다.

3. 종업원에 의한 서비스(table service)

식당의 홀에서 일하는 종업원이 급식자에게 메뉴판을 보여주고 메뉴를 선택할 수 있도록 설명하여 주고, 선택된 메뉴는 주방에 전달하여 음식이 준비되면 홀 종업원이 급식자에게 제공하는 서비스이다.

대부분의 식당과 외식업체에서 일반적으로 테이블서비스(table service)를 하고 있으며 테이블서비스의 유형은 여러 가지가 있다.

- 미국식은 주방에서 1인분의 음식을 그릇에 담아 고객에게 서비스를 하는 방식으로 가장 간편하고 보편화된 서비스이다.
- 유럽식은 가열대를 이동식 테이블을 고객의 테이블 옆에서 조리의 마지막 완성을 연출하여 음식에 보는 시각적 서비스를 포함해서 제공하는 방식이다.
- 러시아식은 조리실에서 음식을 큰 그릇에 담아 테이블까지 운반한 다음 홀직원이 개인의 접시에 1인분씩 나누어 제공하는 방식이다.
- 연회식은 고객이 식당에 도착하기 전에 샐러드, 드레싱, 버터 등의 음식을 테이블에 미리 셋팅하여 두고 손님이 도착한 후에 주요리와 따뜻한 음식을 서비스하는 방식으로 많은 수의 손님을 효과적으로 서비스할 수 있는 방식이다.

4. 테이크아웃 서비스(take-out service)

고객이 음식점을 방문하여 음식을 주문하고 고객이 원하는 장소로 이동하여 섭취를 하게 되는 방식으로 가족의 형태가 1인가구, 2인가구 등 가족의 수가 줄어들고 경제활동을 하는 가족의 수가 늘어남에 따라 완성된 음식을 주문하여 식사를 하게 되는 식생활로 변화를 하게 되었다.

5. 배달서비스(delivery service)

음식점에 전화 또는 인터넷으로 음식점의 메뉴를 확인하고 주문을 하면 업체의 직원이 직접 완성된 메뉴를 배달하여 주는 형태이다. 배달의 거리에 따라 음식의 온도를 유지할 수 있는 설비는 갖추어야 한다.

③ 배식기구(도구, 기물)

모든 음식은 1인분을 기준으로 레시피를 정량화하여 만들고 대량조리가 가능한 대용량 레시피로 정량화하여야 한다.

대량화된 레시피는 단체급식의 음식을 만들 때 기본이 되는 참고자료로서 식재료의 손실을 줄여 경제적인 급식조리를 할 수 있으며, 누가 만들어도 같은 맛이 날 수 있도록 하게 한다.

단체급식은 식재료를 준비하고 조리하고 완성하고 배식하는 과정에서 배식기구는 일

에 효율성을 높이는 데 필요한 도구이다. 왜냐하면 정량화한 양정도에서 배식이 이루어

져야 하기 때문이다. 준비되는 음식의 오차범위를 줄이는 것이 중요하기 때문이다.

한 개, 두 개, 한조각, 한봉지 등으로 포장이 되어 있거나 도구가 필요없는 배식이 있

기도 하지만 한국자를 떠가야 하거나, 한숟가락을 떠야 하는 경우는 정량을 가져가기에

수월한 도구를 셋팅하여, 배식 시에 적절한 양조절이 될 수 있도록 해야 한다.

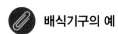 **배식기구의 예**

06

단체급식의
메뉴관리

메뉴

1. 메뉴의 정의

메뉴의 어원은 라틴어의 "Mirutus"에서 유래한 말로 '아주 작은 목록(Smell List)'이라는 뜻이다. 메뉴의 정의에 대한 개념은 시대나 관리자의 관점에 따라 그 의미가 변화하여 왔다.

현대적 의미의 메뉴는 '메뉴는 내부적인 통제도구일 뿐만 아니라 판매(Sales), 광고(Advertisement), 판매촉진(Promotion)을 포함하는 마케팅 도구(Marketing Tool)'로 정의하고 있다.

현대 식음료 경영활동에 있어서 메뉴는 판매와 관련한 중요한 상품화의 수단으로써 그 역할이 매우 중요하다. 이러한 메뉴의 작성에 있어서 메뉴의 계획은 매우 중요하다.

단체급식에서 메뉴란 인체에 필요한 식품을 균형있게 보급하고, 과학적인 조리법을 제시하고 영양과 기호를 만족시킬 수 있도록 하는 것이다. 예산범위 안에서 효과적인 급식운영의 기획, 설계로서의 역할과 영양적 요구, 식습관과 기호도, 음식 자체의 특성 등을 고려하여 급식대상자를 위한 메뉴계획이 이루어져야 한다.

성공적인 메뉴는 다음과 같은 주요 목표를 만족시켜야 한다.

- 메뉴는 식당경영의 상징적인 사명을 갖고 있다. 식당의 경영전략은 메뉴가 지닌 사명에 의해서 구현된다.
- 메뉴는 기업의 근원이라고 할 수 있다. 식당에서 판매되는 상품은 메뉴에서 시작된다. 메뉴가 가지고 있는 최대의 매력은 고객으로 하여금 식욕의 감정을 직접 불러일으켜서 판매의 효과를 주는 것이다.

• 메뉴는 그 식당의 개성과 분위기를 만들어 내는 도구이다. 메뉴라는 일람표 (catalogue)는 식당의 얼굴로, 친절한 애착을 고객에게 불러일으킴으로써 분명한 판매 의식을 가져다주고 단체급식의 메뉴는 급식자의 애사심과 회사에 대한 만족도를 높여주는 역할이 된다.

• 메뉴는 식당의 실내장식과 큰 조화를 이룬다.

• 메뉴는 경쟁적 우위를 갖게 하는 수단이다. 메뉴는 새롭게 세분된 시장에 흥미를 끌 수 있는 우위를 가져다준다.

식당은 고객과 약속된 수준 이상의 맛과 서비스를 판매하는 곳이다. 식당에서 판매하는 상품이 메뉴이며, 그러므로 메뉴는 음식과 서비스가 합쳐진 상품을 뜻한다. 식당은 메뉴를 판매하는 곳이며, 메뉴는 식당의 수준을 대변하는 얼굴이고 고객과의 약속이다.

2. 메뉴의 종류

1) 품목변화 정도에 의한 분류

(1) 고정 메뉴

일정기간 동안 메뉴품목의 변화 없이 지속적으로 제공되는 메뉴이다.

고정 메뉴는 상품의 통제와 조절이 쉽고 상품이 많지 않으므로 전문화할 수 있다는 장점이 있다. 그러나 오랫동안 고정되어 있고 여건 변화에 둔감하면 고객들이 싫증을 나타낼 수 있으며 시장이 제한적일 수 있다.

(2) 순환메뉴

순환메뉴는 일정한 주기, 즉 월 또는 계절별로 일정한 기간을 가지고 변화하는 메뉴이다. 메뉴에 변화를 주어 고객에게 신선함을 전달할 수 있고 계절별로 메뉴를 조정할 수 있는 장점이 있다.

자주 메뉴가 바뀌게 되면 메뉴의 질을 유지하기 위한 노력이 필요하다.

(3) 변동메뉴

특별한 행사를 위한 스페셜 메뉴로 구분을 할 수 있다. 식재료의 특성에 따라 싱싱하고 질 좋은 메뉴를 제공할 수 있으며 스페셜 메뉴에 해당한다.

2) 내용적 분리

(1) 정식메뉴(Table d'hote = Full Coures)

- 정식메뉴란 고객들에게 한 끼 분량의 인기 있는 품목으로 구성된 메뉴이다.
- 고객에게 일괄적으로 제공하는 것으로 메뉴 구성을 바꿀 수는 없다.
- 정식 메뉴는 전체적으로 조화롭게 구성해야 한다.

① 정식 메뉴의 고객 입장의 특성

- 메뉴 선택이 용이하다.
- 가격이 저렴하다.
- 여러 가지의 메뉴를 다양하게 즐길 수 있다.
- 메뉴에 대한 지식이 없어도 주문하기 쉽다.
- 전체적으로 조화로운 메뉴를 먹을 수 있다.

② 정식 메뉴의 영업장 입장의 특성

- 객 단가가 높아진다.

- 식자재 관리가 용이하다.

- 신속한 서비스로 좌석회전율을 높일 수 있다.

- 원가가 절감된다.

- 조리과정이 일정하여 인력이 절감된다.

- 메뉴관리가 용이하다.

- 주문 받기가 용이하다.

- 계산이나 회계가 쉽다.

③ 정식 메뉴의 단점

- 가격의 변화에 적절하게 대처할 수 있는 유연성이 결여되어 있다.

- 고객의 취향에 따라 메뉴 변경이 안 되고 정해진 요리를 먹어야 한다.

(2) 일품요리(A La Carte Menu)

일품요리는 고객이 가격대비 취향에 맞추어 선호하는 각각의 메뉴를 선택하여 주문한다.

선택적 메뉴로서 다양한 종류의 음식과 가격을 나열해 놓고 고객은 기호에 맞는 음식을 선택하여 고른다.

(3) 뷔페(Buffet) 메뉴

뷔페는 정해진 금액과 정해진 시간 안에 준비되어 있는 음식들을 자유로이 식사를 즐기는 형태이다.

샐러드 찬 요리, 더운 요리, 디저트 부분으로 분류하여 진열해 놓은 음식을 고객 기호에 맞게 자유로이 선택하여 고객이 원하는 만큼 마음껏 골라 먹을 수 있다.

(4) 컴비네이션 메뉴(Combination menu)

정식요리 메뉴와 일품요리 메뉴의 장점만을 혼합하여 최근 들어 가장 선호하는 메뉴이다.

컴비네이션 메뉴는 아이템의 양과 내용 구성을 고객 식사패턴의 변화에 유연하게 대처할 수 있다. 가격과 양의 조정으로 식재료 원가 상승에 대처할 수 있다.

(5) 특별 메뉴

특별 메뉴는 레스토랑에서 일반적으로 제공하지 않는 음식을 제공하는 것을 말한다.

특별한 요리, 계절변화에 따른 특별한 식재료의 사용으로 이벤트나 기념일, 명절과 같은 특별한 날에 어울리는 메뉴이다.

매출 증진을 할 수 있고 고객의 새로운 미각을 자극하고 흥미를 주며 계절을 느낄 수 있으며, 신선한 재료를 맛볼 수 있다.

 # 2 메뉴관리 계획

1. 메뉴계획이란

업장별 특성과 영업 방법에 따라 고객에게 제공되는 음식의 종류와 가격을 결정하여 고객에게 판매될 수 있도록 준비하는 일련의 과정이다.

2. 메뉴계획의 전제 조건

- 주방의 위치와 규모
- 주방시설 및 인원의 내용
- 식재료의 저장시설과 규모
- 주방공간의 배분과 동선
- 업장의 서비스 형태
- 주요 고객의 시장규모
- 업장의 시설 및 규모

3. 메뉴계획의 기본 원리

1) 미식적인 측면(gastronomy aspects)

단체급식 메뉴는 단편적으로 비교하기보다는 전체적으로 조화 있게 비교하여 음식의 색채, 질감, 영양 등을 다양성 있게 계획하여야 한다.

2) 경제적인 측면(economic aspects)

단체급식 메뉴를 계획할 때는 반드시 비용의 측면과 함께 식당 및 고객의 수준을 고려하여 작성하여야 한다.

3) 실제적인 측면(practical aspects)

식당, 주방, 인원 등을 고려하여 정해진 시간 내에 음식을 조리하여 낼 수 있는지, 서비스 형태에 맞는 메뉴인지를 알아서 메뉴를 계획하여야 한다.

4. 메뉴계획에서 고려되어야 할 사항

1) 경영관리 측면

(1) 테마 및 분위기

대부분의 업장에서 제공하고자 하는 방향의 주력 메뉴와 그에 맞는 업장 분위기를 나타낼 수 있도록 한다.

(2) 메뉴계획전략

업장의 이미지를 가장 강하게 전달할 수 있는 제한된 메뉴를 계획하는 것이며, 이러한 전략은 제품생산과정에서 원가절감의 높은 효율성을 나타내도록 합리성을 추구하여야 한다.

(3) 새로운 대체 품목의 개발

고객의 욕구에 빠르게 대응하기 위해서는 알맞은 메뉴 품목 개발에 주력해야 한다. 현재 편의식품의 개발로 식재료의 구입이 대체 품목으로 제공되는 등 편리해졌다.

(4) 경쟁업체

경쟁업체의 메뉴가격, 고객의 외식 목적 등을 파악하여 경쟁적으로 우위에 있도록 차별화전략을 시도한다.

(5) 새로운 재료의 유용성

시장성을 고려하여 효율적인 식재료 구매를 하여야 하며, 계절적 메뉴는 이러한 시장성을 고려한 메뉴로서 신선한 재료로 값싸게 음식을 제공할 수 있는 장점이 있다.

(6) 설비시설 및 설계

메뉴에 제시된 제품을 만들 수 있는 주방시설이 구비되어야 하며, 공간의 크기와 주방 기기의 종류 및 수용능력은 조리사의 수와 생산 가능한 제품의 양을 결정하므로 시설관리 측면에 따라 설치되어야 한다.

(7) 조리요원

조리요원의 능력 및 기술은 조리요원의 수, 고용시간 등을 조정하는 요인이 되므로 패스트푸드와 같은 제한된 메뉴는 많은 인원이 필요하지 않다. 그러나 단체급식 식당은 메뉴가 다양해지므로 숙련된 기술 및 많은 수의 요원이 필요하다.

(8) 수입과 원가관리

메뉴판매(급식인원)에 따른 예상매출액(급식단가)을 고려하여 원가관리를 하여야 하며 재료비, 인건비, 간접비 등을 분리하여 통제하여야 한다.

(9) 예산

통제 수단으로서의 예산은 운영예산을 뜻하며, 운영예산은 얼마나 많은 소득과 비용이 발생하여 목표와 일치하는가를 측정하기 위한 계획이다.

(10) 위생

식중독이 발생하지 않도록 위생관리를 철저하게 해야 한다.

2) 마케팅 측면

(1) 고객의 요구

고객의 만족도를 충족시키기 위해서는 이용고객층에 대한 연령, 성별, 직업, 경제상황 등의 인구통계학적인 요인을 파악하여야 한다. 또한 음식에 대한 선호경향은 가족의 전통 및 식생활, 윤리적 배경, 지역적 선호도, 종교에 의해 제한적 영향을 받는다.

(2) 메뉴의 다양성

메뉴 품목뿐만 아니라 색깔, 형태, 음식의 종류와 조리방법에 따라 다르기 때문에 다양한 메뉴를 제공하는 것이 중요하다.

(3) 풍미의 조화

풍미는 음식의 맛에 영향을 주는 가장 중요한 요소로서 여러 종류의 풍미는 서로 보완을 한다. 그러므로 맛을 가미시키는 향과 제철의 수확기를 고려하여야 한다.

(4) 영양적 요소

모든 고객의 생활수준과 대사과정은 개인 연령, 성별, 활동성에 따라 열량 요구량이 다르므로 이를 고려해야 한다.

3) 메뉴 디자인 측면

① 메뉴는 운영측면을 나타내주는 내적 마케팅 도구로서 효율적으로 공간을 활용하여야 한다.

② 메뉴북의 표지에 시선을 집중시켜야 한다.

③ 메뉴북의 크기는 테이블에서 쉽게 다룰 수 있는 정도여야 한다.

④ 게시판에 메뉴를 부착하여 홍보 시에는 식당 안과 밖에 잘 보이는 곳에 위치해야 한다.

⑤ 메뉴에는 재료의 이름, 재료의 원산지, 조리된 음식의 칼로리 등 정보가 포함되어야 한다.

5. 메뉴의 적성원칙 및 유의사항

일반적으로 메뉴는 식음료 정책에 따라 주방장이 작성하게 되지만 연회나 파티의 경우처럼 미리 주문에 의한 메뉴를 작성할 때에는 연회지배인이 주방장과 상의하여 결정하게 된다. 따라서 일반적으로 메뉴를 작성할 때에는 다음과 같은 사항에 유의하여야 한다. 하지만 학교 급식이나 기업의 급식의 경우는 영양사가 메뉴를 결정한다. 이 때에는 메뉴에 따라 조리사가 업무를 실시하면 된다.

1) 한 가지의 재료로 두 가지 이상의 음식을 만들지 않는다.

일반적으로 정식 메뉴를 작성할 때 전채요리에 연어를 이용한 경우 주 요리에는 다시 연어를 제공해서는 안 되며, 두 가지 중에 한 코스는 다른 재료를 이용하여 만들어진 요리를 제공하여야 한다. 또한 생선류를 전채에 사용한 경우에 메인요리 등 다음 코스 요리에 생선류를 사용하지 않는 것이 바람직하다.

뷔페 메뉴에서도 식재료가 겹쳐 사용되는 것을 피해야 한다.

2) 같은 조리방법을 사용해서는 안 된다.

연속되는 코스에 같은 조리방법을 이용한 음식을 제공해서는 안 된다.

끓이기, 조리기, 찌기, 굽기 등의 조리방법을 다양하게 사용하는 것이 바람직하다.

3) 비슷한 색의 요리를 반복하지 않는다.

같은 색의 요리를 반복하게 되면 다음에 나오는 요리에 대한 맛의 기대치가 감소되며 그에 따른 요리의 품격 또한 떨어진다. 다양한 색의 재료를 사용하여 조화롭게 구성하며, 영양섭취에도 고려한 메뉴를 구성한다.

4) 비슷한 소스를 두 가지 이상 사용해서는 안 된다.

색깔이나 조리방법이 비슷한 소스를 사용하게 되면 고객들이 그 차이를 느낄 수 없으므로 각각의 요리가 가지는 특성을 잘 살릴 수 있는 다양한 소스를 이용해야 한다.

5) 요리순서의 균형을 맞춘다.

정식 메뉴일 경우 적절한 전채와 스프, 주 요리와 후식에 이르기까지 세심한 주의를 기울여야 한다. 일반적으로 가벼운 음식에서 시작을 하는 것이 좋다.

6) 저녁 메뉴는 가능한 견고한 음식을 피한다.

육류가 중심인 레스토랑은 저녁 메뉴가 소화에 부담을 줄 수 있기 때문에 가급적 다른 코스의 요리는 소화하기 편한 것으로 제공하며 육류 제공 시에는 충분한 채소와 섬유질이 포함된 요리를 곁들여 제공하도록 한다.

7) 요리의 장식에 주의한다.

요리를 접시에 담을 때 곁들여지는 재료와의 배합과 배색에 유의하여 같은 음식이라도 보다 높은 부가가치를 창출할 수 있도록 요리의 장식과 조화를 고려하여야 한다.

8) 철저한 식품위생을 고려한다.

원재료의 저장에서 출고되어 음식이 생산되어 고객에게 서비스될 때까지의 전 과정은 위생관리를 철저히 해야 한다. 그리고 원재료의 부패속도, 보관상태의 용이함 등을 고려하여 메뉴를 작성하는 것이 중요하다.

9) 메뉴 선호 추세를 파악한다.

고객들이 최근에 관심을 갖는 메뉴에 대한 분석이 필요하다. 건강식 선호에 부응하여 튀기기 조리법보다는 삶거나 굽는 조리법을 사용하고 선호도가 높은 식재료를 활용하며 매운맛, 신맛 등 감각적인 맛을 살린다.

10) 계절감각에 따른 메뉴를 작성한다.

더운 여름에는 찬요리를 추운 겨울에는 더운 요리를 중심으로 메뉴를 작성하도록 하며 제철 식품을 이용한 메뉴를 준비한다. 제철 식재료를 사용하면 신선하고 영양이 풍부한 요리를 만들 수 있고 식재료비 절감의 효과도 있다. 또한 계절 감성을 줄 수도 있다.

11) 메뉴의 표기

요리의 내용에 따른 각국의 고유문자를 사용하지만, 양식의 경우 불어 표기를 원칙으로 하며, 나라명과 지방명, 사람의 이름 등의 고유명사는 대문자로 표기한다.

계절별 식품정보와 위험식재료

	1월	2월	3월	4월	5월	6월	7월	8월	9월	10월	11월	12월
concept	식재료 – 제철 식재료(하우스 재배보다 노지 재배 기준임) – 환경변화에 따른 대체 식재료 – 안전성 확보를 위한 월별 사용 식재료지침											
제철 식재료	시금치 달래 물미역 파래 톳나물 다시마	봄동 냉이 취나물 달래 시금치 물미역 파래 톳나물 다시마	쑥 비름 얼갈이 열무 고구마줄기 취나물 냉이 알타리 호박 톳나물	다시마 쑥 머위 비름 열무 고구마줄기 취나물 고춧잎 부추 호박 알타리 톳나물	양배추 참취 비름 열무 부추 호박 고구마줄기 고춧잎 취나물 대파 알타리 완두 톳나물	샐러리 부추 당근 깻순 알타리 대파 호박 애호박 오이 완두 청각 옥수수	고구마 부추 당근 깻순 고추 대파 가지 호박 애호박 오이 청각 옥수수	깻순 고추 부추 대파 가지 호박 애호박 오이 청각 옥수수	표고버섯 토란 깻순 고추 대파 가지 호박 애호박 오이 옥수수 홍고추 부추	양배추 시금치 가지 쪽파 홍고추 부추	양배추 시금치 쪽파 물미역 파래 톳나물 다시마	시금치 물미역 파래 톳나물 다시마
	건명태 양미리 굴 꽃게	건명태 양미리 홍어 꼬막 홍합	바지락 대합 꼬막	주꾸미 꽁치 꽃게 고등어	낙지 꽁치 고등어 오징어	낙지 꽁치		전복	해파리 고등어	대하 꽃게 고등어	옥돔 건명태 양미리 오징어	건명태 양미리 굴 꼬막
	참다래	참다래	금귤	딸기	딸기 방울토마토	매실 토마토	수박 참외 복숭아 자두 토마토	멜론 포도 복숭아 사과 자두 참외	배 사과 방울토마토 복숭아 참다래 거봉 포도	감 밤 대추 귤 사과 참다래 거봉 포도	귤 사과 참다래 포도	귤 참다래
환경변화 시 대체 식재료	폭설	폭설	꽃샘추위			장마	장마	태풍	태풍			

환경변화 시 대체 식재료

연중 사용주의 식재료
난류 : 미생물 오염도가 높아 조리과정 중 미생물 증식이 용이한 식품으로 조리 시 완전가열조리
두부류, 묵류 : 미생물 증식이 용이하므로 사용시 온도, 시간, 관리 등의 주의를 요함
새싹류 : 생식제공 시 미생물 잔존가능을 사전 소독처리

월별 사용주의 식재료

패류/굴류(2~9월)
생식어류/패류/알류(4~9월) 생굴, 생새우, 회
갑각류/육내장류(5~9월) 내장, 삶은 고기류(편육, 순대)

출처 : 영양사도우미(http://www.kdclub.com/)

절기별 활용메뉴

구분	설날	정월대보름	유두절식	삼복	추석	동지
메뉴	떡국 떡만둣국 탕국 쇠고기무국 사골우거지국 불고기 떡사태찜 쇠고기찹쌀구이 떡갈비 갈비찜 조기구이 조기찜 편육 잡채 녹두빈대떡 동태전 산적 모듬전 완자전 삼색나물 오이볶음 오이장과 김구이 해파리냉채 약과 약식 인절미 수정과 식혜	팥밥 오곡밥 오곡찰밥 쇠고기무국 시래갓국 계란말이 계란찜 두부조림 전류 김구이 고구마순볶음 고비나물 고사리나물 도라지볶음 숙주나물 무나물 시금치나물 삼색나물 호박오가리나물 콩나물 취나물 삶은땅콩 약식	닭곰창 유두면 닭칼국수 고등어무조림 호박볶음국수 밀전병 구절판 모듬전 애호박전 무구절판 물만두 만두찜 삼색나물 배추겉절이 오미자수단 과일 김구이	삼계탕 한방삼계탕 단호박삼계탕 닭백숙 갈비탕 반계탕 한방영양곰탕 임연수어구이 부추장떡 오징어젓무침 오이도라지무침 야채모듬 참외 수박 수박화채	토란탕 들깨토란국 쇠고기토란탕 곰탕 갈비탕 꼬리곰창 갈비찜 떡갈비찜 모듬전류 잡채 모듬나물 고비나물 고사리나물 도라지볶음 숙주나물 시금치나물 삼색나물 수정과 식혜 송편	팥죽 팥칼국수 동치미 새알팥죽 오이도라지무침 알타리김치 동치미 인절미 식혜

3 메뉴개발

1. 메뉴 아이템 선정

1) 누구에게

남녀노소 메뉴를 주로 이용한 고객층을 고려한다. 어린아이, 어린이, 청소년, 어른, 노인 등에 대한 주요 고객을 선정한다.

2) 어디에서

강남에서 판매를 할 것인지, 강북에서 판매를 할 것인지 지역에 따라 변수가 있다.

백화점에서 판매를 하는 것인지, 호텔에서 판매를 할 것인지 아니면 일반 음식점에서 판매를 할 것인지에 의해 변수가 있다.

비영리급식의 학교, 회사 등의 급식과 영리급식인가에 따라 상황은 변화를 주어야 한다.

3) 어떻게

서비스 형식을 결정하여야 한다. 종업원이 처음부터 끝까지 다 해주는 서비스 방식과 고객이 셀프서비스를 하는 방식에는 많은 차이가 있다. 판매 방식은 식당 인테리어 및 음식 가격 결정에도 영향을 미치기 때문에 메뉴개발을 할 때 필수 조건이다.

4) 얼마에

음식에 가격은 서비스 형식과 판매지역, 판매 장소와도 연관성이 있으며 가격에 따라 음식에 질과 그릇도 선택을 하게 된다.

메뉴는 입지, 식자재 공급 상황, 식자재 원가비율, 수익률, 서비스 수준, 식재료의 신선도, 투입된 자본 등에 의해 결정된다.

메뉴에 대한 식품 재료비의 비율은 급식소에 따라 다르게 나타난다. 호텔이나 식당은 30~40%, 학교 카페테리아는 50~60%, 학교급식, 산업체 급식 등 단체급식은 60~70%, 군대급식은 90~100%가 식품재료비로 사용된다.

5) 언제

메뉴를 주로 먹게 되는 시간은 메뉴의 중요 요소이다. 아침, 점심, 저녁 등 구분을 주어 때에 맞는 메뉴를 구성하여야 한다. 점심 메뉴는 점심시간의 한정된 시간에 먹고 갈 수 있도록 구성하여야 하고, 저녁은 음료와 함께 편안하게 식사를 할 수 있도록 구성하여야 한다.

6) 투자 금액

투자 금액에 따라 점포의 위치, 서비스 방식 등 많은 변수가 있기 때문에, 자금 흐름에 계획을 잘 세워야 한다.

7) 무엇을

메뉴 선정이다. 누구에게, 언제, 어떻게 판매를 할 것인가에 따라 메뉴는 변화한다.

2. 메뉴개발 단계

① 시장조사

② 아이템 선정

③ 메뉴 구성 및 레시피 초안 잡기

④ 1차 메뉴 만들기 및 전문가 및 관계자 시식

⑤ 1차 레시피 보완하기

⑥ 2차 메뉴 만들기 및 전문가 및 관계자 시식

⑦ 2차 레시피 보완하기

⑧ 그릇 선정하고 세팅하기

⑨ 고객 대상 시식하기 및 설문하기

⑩ 고객 의견 수렴 및 메뉴보완

⑪ 레시피 확정 및 사진 촬영

⑫ 판매

급식 식단

1. 학교 급식의 예

 3월 추천식단표

우유 포함

월요일	화요일	수요일	목요일	금요일
오곡밥 소고기무국 삼색나물 떡잡채 김구이(간장) 굴비구이 배추김치	기장밥 감자고추장찌개 떡갈비칠리소스조림 임연수유자청구이 깻잎양념무침 배추김치 사과	봄나물비빔밥 쑥국 당면김말이 튀김 깍두기 요구르트	팥밥 홍합미역국 김치깐풍기 연근조림 삼동초무생채 과일샐러드 배추김치	현미보리밥 달래된장찌개 도토리묵김치무침 돼지불고기 모듬숙쌈 다시마무생채 배추김치
차조밥 근대된장국 매운돼지갈비찜 뱅어포조림 곤약탕평채 시금치나물 배추김치 사과	쑥쌀밥 해물탕 새송이전 어묵감자조림 달걀찜 도라지무침 배추김치	자장면 달걀부추국 비빔만두 배추김치 딸기	검은콩밥 들깨감자수제비 오징어무침 완자어묵조림 숙주게살무침 두부속박이 배추김치	영양잡곡밥 대구탕 스파게티 멸치볶음 달걀맛살말이 봄동겉절이 깍두기
발아현미밥 소고기다시마국 가자미무조림 매운감자조림 시금치나물 감자반 배추김치	강낭콩밥 돼지김치찌개 호두멸치볶음 오징어봄동무침 버섯완자전 배추김치 금귤	사과카레라이스 후라이드치킨 나박김치 배추김치 딸기	수수밥 꽃게오징어국 돼지고기장조림 솎음배추무침 쫄면채소무침 뱅어포조림 배추김치	영양잡곡밥 곰탕 모듬튀김(고구마, 연근, 깻잎) 오이부추무침 배추김치 토마토
차조밥 새알미역국 달걀삼각말이 코다리조림 감자샐러드 배추김치 방울토마토	흑미밥 김치콩나물국 닭불고기 우엉조림 생채소겉절이 단호박전 배추김치	잔치국수 강된장상추쌈밥 메추리알꼬치튀김 배추김치	현미밥 된장찌개 애느타리무침 고등어구이 해물부추전 오징어포무침 배추김치	흑미밥 떡국 오징어숙회 김구이 배추김치

4월 추천식단표

우유 포함

월요일	화요일	수요일	목요일	금요일
보리밥 닭개장 꽈리고추찜 감자채볶음 취나물 호박전 배추김치	수수밥 소고기버섯국 궁중떡볶이 달걀말이 미나리숙주무침 검정콩조림 배추김치	콩나물비빔밥 달래양념장 두부미역된장국 닭꼬치구이 김구이 배추김치 요구르트	보리밥 동태오징어찌개 고추잡채 & 꽃빵 멸치고추장볶음 참나물 배추김치 방울토마토	완두콩밥 배추된장국 오향장육 무채소말이쌈 깻잎간장절임 배추김치 파인애플
흑미밥 황태미역국 돼지갈비감자찜 우엉조림 얼갈이무침 배추김치 배	차조밥 바지락콩나물국 제육볶음 깻잎전 도라지나물 떡볶이 배추김치	주먹밥 호박죽 오징어두릅초회 깍두기 과일주스	검정콩밥 된장찌개 고등어무조림 상추겉절이 메추리알멸치조림 화전 배추김치	쑥쌀밥 육개장 두부양념구이 도토리묵무침 과일샐러드 쑥갓나물 배추김치
기장밥 만두김치찌개 비름된장나물 생선전, 감자전 버섯장아찌 닭강정 배추김치	보리밥 감자미역국 소고기감자조림 취나물 채소샐러드 김구이 배추김치	비빔밥 약고추장 나박김치 달걀후라이 토마토 열무김치	영양잡곡밥 소고기국 새우전 오이나물 다시마부각 배추김치 참외	흑미기장밥 들깨감자수제비 꽈리고추돼지고기조림 콩나물무침 생선구이 배추김치
보리밥 순두부찌개 감자조림 탕수육 깻잎양념무침 배추김치 사과	팥밥 건새우아욱국 오리불고기 상추깻잎쌈 김치산적 배추김치 딸기	김치새우볶음밥 부추달걀국 사과주스 왕만두찜 깍두기	현미밥 닭곰탕 어묵볶음 오이무침 명태조림 두부구이 배추김치	율무밥 사골우거지탕 해물잡채 감자전 애호박나물 배추김치

5월 추천식단표

우유 포함

월요일	화요일	수요일	목요일	금요일
보리밥 오징어콩나물국 돈육메추리알조림 멸치볶음 청경채겉절이 연근전 배추김치	현미밥 다슬기아욱국 닭강정 감자볶음 도토리묵무침 두부전 배추김치	차수수밥 소고기무국 해물전 오이치커리무침 떡잡채 동전쥐포조림 배추김치	기장밥 감자찌개 우엉조림 상추겉절이 김구이 꽁치구이 배추김치	당근밥 곰탕 버섯볶음 도라지생채 연근조림 배추김치 수박
흑미기장밥 대구매운탕 연두부달걀찜 참나물된장무침 마늘종새우볶음 스파게티 배추김치	팥밥 대합살미역국 버섯완자전 메밀묵무침 다시마콩나물잡채 브로콜리나물 배추김치	잔치국수 소고기주먹밥 닭튀김 배추김치	보리밥 김치콩나물밥 돼지불고기 상추깻잎쌈 오이간장초절임 채소튀김 배추김치	감자밥 바지락무국 잡채 김구이(간장) 생선전 더덕생채 과일샐러드 배추김치
보리밥 꽃게된장찌개 메추리알비엔나 칠리볶음 미역줄기볶음 달걀말이 배추김치 사과	흑미밥 소고기무국 순대떡볶음 고등어구이 깻잎나물 무말랭이무침 배추김치	날치알김치볶음밥 미역된장국 찹쌀튀김 배추김치	기장밥 조랭이떡만두국 골뱅이무침 오이무침 땅콩조림 절편 배추김치	검은콩밥 닭개장 감자조림 마파두부 임연수구이 취나물 배추김치
흑미밥 육개장 제육볶음 멸치볶음 참나물 배추김치	보리밥 청국장찌개 비빔국수 검정콩조림 미나리나물 식혜 배추김치	비빔밥 약고추장 강된장찌개 열무김치 수박 팥양갱	쑥쌀밥 단배추깻국 매운돼지갈비찜 비름나물 해물부추전 연근조림 배추김치	기장밥 버섯수제비탕 닭찜 열무된장무침 메밀김치전 더덕사과무침 배추김치

6월 추천식단표

우유 포함

월요일	화요일	수요일	목요일	금요일
완두콩밥 채소수프 폭커틀렛 양상추샐러드 총각김치 토마토	율무밥 햄김치찌개 참나물무침 두부채소구이 연근조림 배추김치	자장밥 후라이드치킨 나박김치 깍두기 수박	메밀밥 돼지등뼈감자탕 코다리간장조림 달걀말이 오이부추무침 쥐어채조림 배추김치 토마토	영영밥과 간장 어묵김치국 찹쌀치즈볼 김구이 멸치볶음 배추김치 과일주스
기장밥 황태미역국 황기찜닭 애느타리볶음 호두땅콩조림 무나물 배추김치	영영잡곡밥 갈비탕 두부양념구이 고구마튀김 브로콜리숙회 총각김치 수박	잔치국수 시금치컵케익 비빔만두 요구르트 배추김치	발아현미밥 배추된장국 삼겹살구이 양배추쌈 부추겉절이 상추깻잎쌈 증편 파인애플	보리밥 육개장 고등어조림 감자볶음 비름나물 요거트과일샐러드 배추김치
차조밥 순두부찌개 조기구이 비엔나감자조림 시금치나물 아이스홍시 배추김치	흑미밥 소고기무국 해물전 도토리묵나물 깻잎양념무침 가지구이 배추김치	비빔밥 약고추장 미역오이냉국 링도너츠 토마토 배추김치	기장밥 카레라이스 오뎅무국 달걀장조림 오이생채 배추김치 수박	땅콩밥 닭곰탕 신당동떡볶이 취나물 멸치볶음 배추김치
영양잡곡밥 애호박감자국 두부두루치기 멸치호두볶음 쫄면채소무침 깻잎순나물 배추김치	보리밥 꽃게된장찌개 떡갈비칠리소스 임연수어조림 상추무침 우엉조림 배추김치	콩나물비빔밥과 간장 미역된장국 닭꼬치튀김 무생채 열무김치 수박	수수밥 콩나물수제비국 돼지고기볶음 뱅어포구이 감자조림 배추김치 사과	기장밥 소고기버섯국 생선살튀김과 타르타르소스 달걀찜 검정콩후두조림 얼갈이된장무침 배추김치

7월 추천식단표

우유 포함

월요일	화요일	수요일	목요일	금요일
현미밥 북어무국 메밀묵무침 쫄면채소무침 새우살두부완자전 배추김치 토마토	영양잡곡밥 콩나물국 소불고기 김자반 애호박전 시래기나물 배추김	열무비빔밥 다시마미역국 치즈스틱 강된장 배추김치 수박	풋콩밥 대구매운탕 고춧잎무침 가지무침 오징어포무침 해물우동볶음 배추김치	보리밥 강된장찌개 고등어조림 더덕생채 스크램블에그 상추쌈 배추김치
차조밥 닭개장 감자비트전 두부멸치조림 오징어볶음 비름나물 배추김치	흑미밥 소고기감자국 매운돼지갈비찜 삼치구이 멸치볶음 깻잎나물 배추김치 토마토	잔치국수 사과탕수육 배추겉절이 식혜 증편	보리밥 돼지고기비지탕 양파전 오이무침 오징어볶음 배추김치 수박	기장밥 들깨감자탕 코다리강정 꽈리고추찜 연두부와 간장 배추김치 방울토마토
기장밥 감자고추장찌개 어묵채소볶음 김구이 새송이전 미역줄기볶음 배추김치	찹쌀밥 삼계탕 부추겉절이 떡볶음 총각김치 수박	카레라이스 미역오이냉국 비빔만두 자두 깍두기	팥밥 소고기미역국 제육볶음 배추된장무침 잡채 배추김치	현미밥 김치콩나물국 코다리조림 돼지고기강정 어묵조림 무생채 배추김치
현미보리밥 해물찌개 꽈리고추비엔나조림 브로콜리나물 생선전 총각김치	기장밥 사골우거지탕 도라지무침 호박나물 조기구이 깍두기 수박	버섯영양밥 버섯된장국 닭강정 마늘종조림 배추김치 복숭아	차조밥 갈비탕 마파두부 김구이 가지샐러드 배추김치	볶음밥 주꾸미볶음 열무김치 찹쌀치즈볼 배추김치 수박

9월 추천식단표

우유 포함

월요일	화요일	수요일	목요일	금요일
기장밥 닭개장 감자베이컨볶음 우엉조림 도토리묵무침 배추김치 사과	검정콩밥 소고기무국 고등어조림 깻잎양념무침 감자샐러드 배추김치 배	잔치국수 닭꼬치양념구이 증편 배추김치	현비밥 해물순두부찌개 조기구이 우엉새송이조림 참나물 배추김치 포도	차조밥 대구매운탕 호두땅콩조림 달걀찜 도라지오이무침 배추김치
보리밥 만두육개장 삼치구이 브로콜리초회 메추리알조림 배추김치	기장밥 바지락미역국 사태채소조림 쫄면채소무침 시금치나물 배추김치 배	날치알김치볶음밥 달걀파국 떡베이컨말이 호박죽 깍두기	흑미밥 불고기낙지전골 잡채 더덕사과무침 두부양념구이 배추김치 귤	현미밥 시래기된장국 편육 상추깻잎쌈 무생채 고구마조림 배추김치
기장밥 소고기무국 코다리알감자조림 떡볶음 비름나물 배추김치 사과	기장밥 해물수제비 돼지갈비찜 깻잎순나물 무말랭이무침 배추김치	오징어낙지덮밥 들깨무국 감치치즈크로켓 깍두기 사과	차수수밥 단호박꽃게탕 숙주미나리무침 꽈리고추찜 배추김치 거봉	흑미밥 소고기미역국 장어양념구이 늙은호박전 순대채소볶음 배추김치
보리밥 알토란탕 닭찜 삼색나물 느타리맛살적 송편 배추김치	기장밥 해물탕 난자완스 새송이전 오이부추무침 배추김치 배	멸치주먹밥 두부된장국 스파게티 배추김치 거봉	영양밥 부추달걀국 생선커틀렛과 소스 김구이와 간장 멸치채소볶음 깍두기 토마토	보리밥 추어탕 깐풍기 골뱅이소면무침 연근조림 배추김치

10월 추천식단표

우유 포함

월요일	화요일	수요일	목요일	금요일
고구마밥 근대된장국 오리불고기 상추깻잎쌈 다시마채무침 배추김치 파인애플	보리밥 꽃게탕 느타리맛살적 김무침 사태채소조림 배추김치 사과	사과카레라이스 유부된장국 핫윙 과일샐러드 깍두기	팥밥 조갯살미역국 잡채 진미채무침 애호박전 소시지전 배추김치	현미밥 어묵매운탕 닭다리조림 배맛살냉채 멸치조림 배추김치
율무밥 소고기매운국 새우살채소조림 낙지볶음 채소맛살샐러드 배추김치	기장밥 맛둣국 쥐포조림 시금치무침 두부전 배추김치	완두콩밥 감자스프 폭커틀렛 파인애플 옥수수콘채소샐러드 깍두기	흑미밥 된장찌개 꽁치김치조림 건새우채소볶음 김구이 총각김치	보리밥 곰탕 새송이버섯조림 오징어볶음 고구마튀김 배추김치
차조밥 북어콩나물국 사태찜 고춧잎무침 표고볶음 배추김치	수수밥 대구지리 곤약콩조림 참나물무침 닭갈비 배추김치 배	자장밥 두부된장국 땅콩조림 깍두기 사과	현미밥 감자고추장찌개 메추리알멸치조림 오이나물 녹두전 배추김치	기장밥 건새우콩나물국 더덕돈육고추장볶음 무생채 김치전 깍두기
콩밥 소고기무국 임연수어조림 콩나물무침 메밀묵무침 배추김치 배	보리밥 돈육김치찌개 갈치구이 미역줄기볶음 감자조림 배추김치 사과	짬뽕 단호박죽 단무지 요구르트 배추김치	기장밥 육개장 연근멸치조림 숙주미나리나물 당근달걀찜 배추김치 배	차조밥 버섯수제비 오삼불고기 뱅어포튀김 도라지생채 배추김치

11월 추천식단표

우유 포함

월요일	화요일	수요일	목요일	금요일
영양잡곡밥 콩가루배추국 소불고기 시금치나물 애기볼어묵조림 배추김치	발아현미밥 감자고추장찌개 조기구이 양송이메추리알조림 깻잎양념무침 배추김치 요구르트	베이컨김치볶음밥 다시마두부된장국 수제핫도그 깍두기	흑미밥 소고기무국 해물볶음 호박전 다시마채무침 배추김치	기장밥 해물찌개 미트볼조림 오이달래무침 지리멸아몬드볶음 배추김치
수수밥 오징어매운탕 배파래무침 마파두부 달걀맛살말이 배추김치	기장밥 새우시금치국 매운돼지갈비찜 더덕생채 버섯피망볶음 배추김치	칼국수 과일팬케이크 깍두기 귤	보리밥 콩비지찌개 탕수육 숙주미나리무침 연근조림 배추김치	메밀밥 감자미역국 오징어무조림 도토리묵무침 우엉잡채 배추김치
차수수밥 된장찌개 가자미무조림 순대곱창볶음 콩나물무침 깍두기	옥수수밥 바지락수제비 소시지볶음 장떡 시금치무침 배추김치 단감	해물자장밥 바지락콩나물국 찹쌀도넛 방울토마토 배추김치	발아현미밥 조랭이떡국 도라지배무침 부추해물전 코다리강정 배추김치	기장밥 돼지등뼈감자탕 연두부와 간장 고등어카레구이 무말랭이무침 배추김치 배
흑미밥 김치어묵매운탕 멸치볶음 닭찜 버섯장아찌 배추김치	보리밥 건새우아욱국 제육볶음 생미역나물 찹쌀감자전 배추김치	곤드레밥 청국장찌개 부추양념방 고구마맛탕 깍두기 귤	기장밥 육개장 꽁치조림 무생채 콩김치전 총각김치 키위	고구마밥 순대국 불고기낙지볶음 얼갈이된장무침 해파리냉채 배추김치 사과

12월 추천식단표

우유 포함

월요일	화요일	수요일	목요일	금요일
발아현미밥 청국장찌개 생선전 꽈리고추비엔나조림 오이무침 배추김치 사과	흑미밥 소고기매운국 달걀파래말이 깐소새우 호두참나물무침 배추김치	김주먹밥 두부장국 무말랭이무침 야끼우동 고구마튀김 배추김치 귤	잡곡밥 해물탕 돼지고기과일강정 연근조림 시금치맛살무침 배추김치	수수밥 들깨미역국 잡채 고등어구이 더덕생채 배추김치 방울토마토
보리밥 소불고기 감자간장조림 갈치구이 생미역초회 배추김치	기장밥 바지락수제비 두부조림 명태피조림 미역오이초무침 배추김치 사과	카레라이스 굴두부탕 깍두기 마늘빵 과일주스	기장밥 배추된장국 닭불고기 도토리묵과 간장 양배추쌈 감자전 배추김치	검은콩밥 소고기미역국 돼지갈비찜 취나물볶음 수수부꾸미 멸치호두볶음 배추김치
현미보리밥 닭개장 꽈리고추찜 실곤약무침 감자샐러드 배추김치 단감	강낭콩밥 곰탕 골뱅이무침 콩나물무침 깍두기 귤	콩나물비빔밥 달래양념장 홍합탕 치킨샐러드 배추김치	보리밥 대구매운탕 진미채무침 폭찹 깻잎순나물 배추김치	기장밥 들깨순두부찌개 임연수구이 감자볶음 청경채겉절이 배추김치 사과
떡국 생선커틀렛과 복숭아 소스 과일샐러드 배추김치 귤	보리밥 사골우거지탕 오징어볶음 느타리나물 멸치볶음 배추김치	김치볶음밥 동치미 팥죽 귤	기장밥 배추된장국 코다리콩나물찜 비빔만두 해물부추전 배추김치 방울토마토	생야채불고기비빔밥 강된장찌개 단호박케이크 사과 약고추장 배추김치

07

단체급식의
생산관리

단체급식의 생산관리의 의의

단체급식의 생산은 가정에서의 소량조리와는 생산과정에서 많은 차이가 있다. 재료 준비, 조리시간, 조리방법에서 급식대상자들이 만족하는 음식을 생산하기 위해서는 계획된 조리통제가 필요하다.

급식생산은 메뉴와 생산수요예측으로부터 시작이 된다. 정확한 수요예측은 원가조절에 필수적이며 생산량의 부족 또는 과잉에 따른 문제를 해결하여 준다. 적정량을 넘어서 준비하게 되면 음식은 상하기 쉬우므로 보관상 비용이 발생되며, 생산량 부족은 원하는 메뉴가 부족하여 급식자로 하여금 실망하고 다른 메뉴의 선택이 이루어져야 하므로 급식대상자의 불만이 생길 수 있으므로 급식자를 만족시킬 수 있는 대체 메뉴를 준비해야 한다.

 조리작업 관리

각각의 업장별 급식 대상에 따라 음식의 양을 조절하여 업장에서 사용하는 레시피를 만들어 사용하여야 한다.

1. 밥, 죽

1) 흰밥(100인분)

❤ 재료

- 멥쌀 9kg
- 물

❤ 만드는 방법

❶ 멥쌀 9kg을 저울에 계량한다.

❷ 세미기에 멥쌀을 부어 쌀을 씻고 물에 30분 담근다.

❸ 물에 담근 쌀을 바구니에 건진다.

❹ 가스 자동 취사기의 밥솥 두 개에 각각 쌀과 물을 부어 취사 버튼을 누른다. 끓이고 뜸들이기가 자동으로 이루어진다.

❺ 밥이 다 되면 소리가 울린다. 취사기의 손잡이를 앞으로 당기고 밥솥을 앞으로 당겨서 뺀다. 밥솥 뚜껑을 열고 주걱으로 잘 저어 밥솥 그대로 배식대에 가져다 놓는다. 경우에 따라 인서트에 담아 배식대에 놓거나 그릇에 담아 1인분씩 배식을 하기도 한다. 또는 밥통에 담아 놓고 배식을 하기도 한다.

❻ 밥솥은 물을 부어 불려서 씻고 취사기 안에 넣어둔다.

❤ 1인분 주문식 급식의 형태

❶ 쌀을 불려 통에 담아 냉장고에 보관한다.

❷ 주문이 들어오면 1인분 솥에 쌀, 물을 넣어 취사를 한다.

❸ 밥이 다 되면 곁들여 먹는 반찬 등과 같이 서비스한다.

2) 오곡밥(100인분)

✅ 재료

- 멥쌀 4kg
- 검은콩 2컵
- 소금 2큰술
- 찹쌀 4kg
- 수수 300g
- 물
- 팥 2컵
- 차조 300g

✅ 만드는 방법

❶ 멥쌀, 찹쌀, 팥, 검은콩, 수수, 차조를 저울에 계량한다.

❷ 세미기에 멥쌀, 찹쌀을 부어 쌀을 씻고 물에 30분 담근다.

❸ 팥은 씻어 냄비에 담아 끓여 첫물을 따라 버리고 다시 물을 부어 팥알이 터지지 않게 삶는다.

❹ 검은콩은 4시간 이상 충분히 불리고, 수수, 차조는 각각 씻어 30분 불린다.

❺ 물에 담궈진 곡류는 각각 바구니에 건진다.

❻ 가스 자동 취사기의 밥솥 두 개에 각각 쌀과 준비된 팥, 검은콩, 수수, 차조, 소금을 나눠 담고 물을 부어 취사 버튼을 누른다. 끓이고 뜸들이기가 자동으로 이루어진다.

❼ 밥이 다 되면 소리가 울린다. 취사기의 손잡이를 앞으로 당기고 밥솥을 앞으로 당겨서 뺀다. 밥솥 뚜껑을 열고 주걱으로 잘 저어 밥솥 그대로 배식대에 가져다 놓는다. 경우에 따라 인서트에 담아 배식대에 놓거나 그릇에 담아 1인분씩 배식을 하기도 한다. 또는 밥통에 담아 놓고 배식을 하기도 한다.

❽ 밥솥은 물을 부어 불려서 씻고 취사기 안에 넣어둔다.

◉ 1인분 주문식 급식의 형태

❶ 쌀과 잡곡을 불려 각각 통에 담아 냉장고에 보관한다.

❷ 주문이 들어오면 1인분 솥에 쌀, 잡곡, 물을 넣어 취사를 한다.

❸ 밥이 다 되면 곁들여 먹는 반찬 등과 같이 서비스한다.

3) 곤드레밥(100인분)

◉ 재료

- 멥쌀 3kg
- 찹쌀 3kg
- 물
- 삶은 곤드레 4kg

나물 양념 : 들기름 400ml, 다진 대파 100g, 다진 마늘 50g, 소금 50g

양념장 : 간장1L, 다진 대파 500g, 다진 마늘 150g, 참깨 100g, 참기름 100ml, 풋고추 8개, 붉은고추 8개, 굵은 고춧가루 80g

◉ 만드는 방법

❶ 멥쌀, 찹쌀을 계량하여 세미기에 부어 쌀을 씻고 물에 30분 담근다.

❷ 삶은 곤드레는 물에 여러 번 씻는다. 바구니에 담아 물기를 빼고 4~5cm 길이로 썬다.

❸ 회전식 국솥, 스팀솥, 틸딩팬 등의 설비 중 하나를 선택하여 손질한 곤드레에 다진 대파, 다진 마늘, 소금 들기름을 넣어 조물조물 버무리고 달구어진 솥이나 팬에 볶는다. 사용한 솥이나 팬은 즉시 깨끗하게 씻어 정리정돈한다.

❹ 가스 자동 취사기의 밥솥 두 개에 각각 쌀과 준비된 곤드레나물을 나눠 담고 물을 부어 취사 버튼을 누른다. 끓이고 뜸들이기가 자동으로 이루어진다.

❺ 밥이 다 되면 소리가 울린다. 취사기의 손잡이를 앞으로 당기고 밥솥을 앞으로

당겨서 뺀다. 밥솥 뚜껑을 열고 주걱으로 잘 저어 밥솥 그대로 배식대에 가져다 놓는다. 경우에 따라 인서트에 담아 배식대에 놓거나 그릇에 담아 1인분씩 배식을 하기도 한다. 또는 밥통에 담아 놓고 배식을 하기도 한다.

❻ 밥솥은 물을 부어 불려서 씻고 취사기 안에 넣어둔다.

❤ 양념장 만들기

❶ 풋고추와 붉은고추는 씨를 제거하고 0.5cm 크기로 다진다.

❷ 간장, 다진 대파, 다진 마늘, 참깨, 참기름, 풋고추, 붉은고추, 굵은 고춧가루를 고루 섞어 양념장을 만든다.

❸ 배식이 가능한 그릇에 담는다.

❤ 1인분 주문식 급식의 형태

❶ 쌀을 불려 통에 담아 냉장고에 보관한다.

❷ 나물을 볶아 통에 담아 냉장고에 보관한다.

❸ 양념장을 만들어 통에 담아 냉장고에 보관한다.

❹ 주문이 들어오면 1인분 솥에 쌀, 물, 나물을 넣어 취사를 한다.

❺ 밥이 다 되면 곁들여 먹는 반찬, 양념장 등과 같이 서비스한다.

＊ 준비된 음식재료는 냉장고에 보관해 두고 사용하며 냉장고에 들어갈 때는 라벨지를 꼭 붙여 선입선출이 가능하도록 한다.

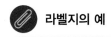
라벨지의 예

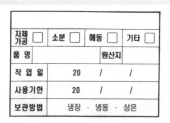

자체 가공 ☐	소분 ☐		해동 ☐	기타 ☐
품 명			원산지	
작 업 일	20	/	/	
사용기한	20	/	/	
보관방법		냉장 · 냉동 · 상온		

4) 보리밥(100인분)

◈ 재료

- 멥쌀 7kg
- 물
- 보리쌀 2kg

◈ 만드는 방법

❶ 멥쌀, 보리쌀을 저울에 계량한다.

❷ 세미기에 멥쌀을 부어 쌀을 씻고 물에 30분 담근다. 보리쌀은 씻어 2시간 불린다.

❸ 물에 담근 쌀을 바구니에 건진다.

❹ 가스 자동 취사기의 밥솥 두 개에 각각 쌀과 물을 부어 취사 버튼을 누른다. 끓이고 뜸들이기가 자동으로 이루어진다.

❺ 밥이 다 되면 소리가 울린다. 취사기의 손잡이를 앞으로 당기고 밥솥을 앞으로 당겨서 뺀다. 밥솥 뚜껑을 열고 주걱으로 잘 저어 밥솥 그대로 배식대에 가져다 놓는다. 경우에 따라 인서트에 담아 배식대에 놓거나 그릇에 담아 1인분씩 배식을 하기도 한다. 또는 밥통에 담아 놓고 배식을 하기도 한다.

❻ 밥솥은 물을 부어 불려서 씻고 취사기 안에 넣어둔다.

◈ 1인분 주문식 급식의 형태

❶ 쌀과 보리쌀을 불려 각각 통에 담아 냉장고에 보관한다.

❷ 주문이 들어오면 1인분 솥에 쌀, 보리, 물을 넣어 취사를 한다.

❸ 밥이 다 되면 곁들여 먹는 반찬 등과 같이 서비스한다.

5) 흑임자죽(100인분)

⊗ 재료

- 멥쌀 1kg
- 흑임자 500g
- 물 20L
- 소금 40g
- 설탕 40g

⊗ 만드는 방법

❶ 멥쌀은 씻어 2시간 불린다.

❷ 불린 멥쌀은 블렌더에 물 5L와 곱게 갈아 체에 거른다.

❸ 흑임자는 깨끗하게 씻은 뒤 물 5L를 넣고 블렌더에 곱게 갈아 고운체에 거른다.

❹ 회전식 솥에 멥쌀 간 것과 물을 넣어 저으면서 끓인다. 투명하게 끓어 오르면 흑임자 갈아 놓은 것을 넣어 맛이 어울어지게 끓인다.

❺ 소금, 설탕을 넣어 간을 하고 배식통에 나누어 담는다. 또는 식당테이블에 소금통, 설탕통을 배치한다.

❻ 회전식 솥에 물을 뿌리고 수세미로 닦고 물로 세척한다.

⊗ 1인분 주문식 급식의 형태

❶ 멥쌀을 불려 블렌더에 갈아 고운체에 걸러 통에 담아 냉장고에 보관한다.

❷ 흑임자를 블렌더에 갈아 고운체에 걸러 통에 담아 냉장고에 보관한다. 경우에 따라서는 냉동실에 보관을 하기도 한다.

❸ 주문이 들어오면 멥쌀가루를 자루냄비에 1인분 정도만 덜어 담고 끓인다.

❹ 투명하게 끓어오르면 흑임자 갈아 놓은 것을 1인분만 덜어 넣어 맛이 어울어지게 끓인다.

❺ 소금, 설탕을 넣어 간을 하고 1인분 그릇에 담아 서비스한다.

또는 종지에 소금, 설탕을 따로 곁들여서 손님 취향에 맞게 선택할 수 있도록 해도 좋다.

6) 호박죽(100인분)

◈ 재료

- 늙은호박 10kg
- 찹쌀가루(방앗간용) 2kg
- 설탕 300g
- 물 50L
- 물 4L
- 소금 50g
- 삶은 팥 500g

◈ 만드는 방법

❶ 늙은 호박은 끓는 물에 살짝 데쳐 반으로 갈라 씨를 제거하고 껍질을 벗긴 뒤 얇게 썬다.

❷ 회전솥에 썬 호박과 물을 넣어 푹 무르게 끓인다. 핸드믹서기로 곱게 간다.

❸ 찹쌀가루에 물 4L를 넣어 잘 풀어서 끓는 솥에 넣어 끓인다.

❹ 삶은 팥은 물에 한 번 헹궈서 솥에 넣는다.

❺ 설탕과 소금으로 간을 하고 배식용 용기에 담는다.
   (설탕과 소금의 양은 호박의 당도에 따라 조절해서 넣는다.)

❻ 회전식 솥에 물을 뿌리고 수세미로 닦고 물로 세척한다.

◈ 1인분 주문식 급식의 형태

❶ 손질한 늙은 호박은 물을 넣어 삶아서 곱게 갈아 식힌 후 통에 담아 냉장고에 보관한다.

❷ 찹쌀가루는 1인분씩 계량하여 비닐에 담고 통에 담아 냉동실에 보관해 둔다. 찹쌀가루는 냉장고에 보관하면 빨리 쉬기 때문이다.

❸ 팥은 삶아서 1인분씩 계량하여 비닐에 담고 통에 담아 냉동실에 보관해 둔다.

❹ 주문이 들어오면 자루냄비에 호박 삶은 것을 1인분 덜어 담고 끓인다.

❺ 찹쌀가루를 물에 풀어 끓는 냄비에 넣어 끓인다.

❻ 삶은 팥을 물에 한 번 헹궈 솥에 넣고 설탕, 소금으로 간을 한다.

❼ 1인용 그릇에 팥이 몇 알 위에 보이도록 보기 좋게 호박죽을 담는다.

7) 비빔밥(100인분)

❤ 재료

- 멥쌀 9kg
- 소고기 썬 것 1.5kg
- 애호박 2kg
- 오이 3kg
- 찢은 도라지 1.5kg

- 삶은 고사리 1.5kg
- 청포묵 1.5kg
- 달걀 100개
- 식용유 500ml
- 다진 마늘 4큰술

- 참기름 5큰술
- 참깨 5큰술
- 소금 11큰술
- 간장 1큰술

소고기 양념 : 간장 100ml, 설탕 50g, 물엿 50g, 청주 100ml, 다진 대파 100g, 다진 마늘 50g, 참기름 40ml, 참깨 30g, 후춧가루 약간

약고추장 : 다진 소고기 300g, 물 3L, 고추장 1.5kg, 설탕 30g, 물엿 50g, 다진 대파 50g, 다진 마늘 30g, 참깨 20g, 참기름 30ml

❤ 만드는 방법

❶ 멥쌀 9kg을 저울에 계량한다.

❷ 세미기에 멥쌀을 부어 쌀을 씻고 물에 30분 담근다.

❸ 물에 담근 쌀을 바구니에 건진다.

❹ 가스 자동 취사기의 밥솥 두 개에 각각 쌀과 물을 부어 취사 버튼을 누른다. 끓이고 뜸들이기가 자동으로 이루어진다.

❺ 소고기는 고기 양념으로 버무려서 냄비에 볶고, 넓은 쟁반에 식혀 그릇에 담는다.

❻ 애호박은 은행잎썰기 하고 소금 2큰술에 절인다. 냄비에 식용유를 두르고 마늘 1큰술을 넣어 볶고 넓은 쟁반에 식혀 참기름 1큰술, 참깨 1큰술로 버무려 그릇에 담는다.

❼ 오이는 0.3cm 두께로 둥글게 썰어 소금 2큰술에 30분 정도 절인다. 절인 오이는 물기를 짠다. 냄비에 식용유를 두르고 마늘 1큰술을 넣어 볶고 넓은 쟁반에 식혀 참기름 1큰술, 참깨 1큰술로 버무려 그릇에 담는다.

❽ 찢은 도라지는 4~5cm 길이로 썰어 소금 3큰술을 넣어 조물조물 주물러 물에 씻는다. 냄비에 식용유를 두르고 손질된 도라지, 마늘 1큰술, 소금 1큰술을 넣어 볶고 넓은 쟁반에 식혀 참기름 1큰술, 참깨 1큰술로 버무려 그릇에 담는다.

❾ 삶은 고사리는 4~5cm 길이로 썰어 끓는 물에 데쳐 물기를 제거하고, 냄비에 식용유를 두르고 손질 된 마늘 1큰술, 소금 1/2큰술, 간장 1큰술을 넣어 볶고 넓은 쟁반에 식혀 참기름 1큰술, 참깨 1큰술로 버무려 그릇에 담는다.

❿ 청포묵은 0.5cm 두께로 썰어 끓는 소금물에 데쳐서 찬물에 헹궈 물기를 제거하고, 참기름 3큰술, 참깨 2큰술, 소금 1½큰술로 버무려 그릇에 담는다.

⓫ 달걀은 번철에 식용유를 두르고 Sunny-side up(한쪽만 익히기) 해서 큰 쟁반에 담는다.

⓬ 약고추장 만들기 : 달궈진 냄비에 식용유를 두르고, 다진 소고기를 달달 볶고 물 3L를 넣어 끓인다. 고추장, 설탕, 물엿, 다진 대파, 다진 마늘, 후춧가루를 넣어 중불에서 끓인다. 맛이 어우러지면 그릇에 담아 식힌다. 약고추장이 식으면 참깨, 참기름를 넣어 섞는다.

⓭ 비빔밥 그릇에 밥을 담고 준비된 소고기, 호박, 오이, 도라지, 고사리, 청포묵을 돌려 담고 가운데 달걀을 담는다.

(비빔밥 그릇에 준비된 재료만 담고, 밥은 따로 줄 수도 있다.)

⓮ 약고추장, 참기름은 식당 테이블에 따로 담아 놓는다.

> **참고**
>
> * 비빔밥에 들어가는 소고기와 나물은 절대로 짜지 않게 심심하게 해야 고
>   추장을 넣어 비볐을 때 간이 적당하다.
>
> * 비빔밥용 밥은 질지 않게 고슬고슬하게 밥을 지어야 한다.
>
> * 나물을 볶는 과정마다 냄비나 솥을 세척해야 한다.

1인분 주문식 급식의 형태

❶ 밥은 고슬고슬하게 지어 밥통에 담아 놓는다.

❷ 소고기는 양념하여 볶아 식힌 다음 보관 용기에 담아 냉장고에 보관한다.

❸ 애호박, 오이, 도라지, 고사리는 나물로 만들어 식힌 다음 보관 용기에 담아 냉
   장고에 보관한다.

> **참고**
>
> * 나물을 통에 담을 때는 절대로 눌러 담으면 안 된다. 그 이유는 나물이 눌리
>   면 더 쉽게 상하기 때문이다. 그리고 비닐류에 담아 두면 이 또한 스테인리스
>   스틸 용기 등 보다 쉽게 상하기 때문에 보관 용기도 중요하다. 나물은 계절에
>   따라 바꿔가며 준비를 해야 매일 급식을 먹는 급식자로 하여금 지속적인 소
>   비가 이루어질 수 있다. 제철 나물을 이용하면 재료비도 절감할 수 있고 영양
>   도 풍부하게 조리할 수 있다.

❹ 청포묵은 점심이나 저녁의 판매 가능한 사용분을 계산하여 만들고 실온에 보관
   해 두고 사용한다. 냉장고에 들어가면 투명한 청포묵이 하얗게 굳어져 상품성

이 없어져 사용이 불가능하다.

❺ 약고추장은 미리 볶아 만들어 식힌 다음 냉장고에 보관해 두고 1주일 정도 사용한다.

❻ 1인분 주문이 들어오면 우선 달구어진 팬에 식용유를 두르고 달걀을 올려 Sunny-side up(한쪽만 익히기)을 한다. 손님의 경우에 따라 완숙을 해서 서비스하기도 한다. 달걀지단을 하여 사용하기도 한다.

❼ 비빔밥 그릇에 밥을 담고 준비된 나물과 고기를 색스럽게 돌려담고 달걀프라이를 올려 깨나 잣 등 고명을 올리고 차게 또는 뜨겁게 서비스한다. 돌솥이나 쇠솥의 기물을 사용하는 경우 불에 올려 따닥따닥 소리가 경쾌하게 날 때까지 가열하여 냄비받침에 돌솥이나 쇠솥을 올려 서비스한다.

❽ 약고추장을 곁들여낸다. 국이나 반찬은 그날그날 메뉴에 따라 정해진 서비스를 한다.

참고

* 비빔밥 재료에 전복이나 낙지, 새우 등의 해산물을 첨가하여 해산물 비빔밥으로 하기도 하고 아스파라거스, 브로콜리, 부추 등의 재료를 넣어 고급스럽게 변화를 주기도 한다.

2. 생채, 숙채, 회

1) 무생채

◎ 재료

• 무 3kg

양념 : 고춧가루 1컵, 소금 8큰술, 설탕 1컵, 다진 대파 100g, 다진 마늘 50g, 생강즙
2큰술, 참깨 3큰술, 식초 120ml

◎ 만드는 방법

❶ 무는 깨끗하게 씻어 껍질을 벗긴다.

❷ 5cm×0.5cm×0.5cm 두께로 채를 균일하게 썬다. 또는 채칼로 채를 썬다.

❸ 믹싱볼에 채 썰은 무를 담고 고춧가루, 소금, 설탕, 다진 대파, 다진 마늘, 생강
즙, 참깨, 식초를 넣어 버무린다.

❹ 생채는 준비된 그릇에 담고 믹싱볼은 세척하고 주변을 정리정돈한다.

❺ 배식대에 생채 담은 그릇을 끼우거나 올려둔다.

> **참고**
>
> ＊ 고춧가루를 조금씩 넣으면서 색을 보며 버무린다.
>
> ＊ 겨울에는 굴을 넣어 함께 양념하기도 한다.

◎ 1인분 주문식 급식의 형태

❶ 무생채를 만들어 통에 담아 냉장고에 보관한다.

❷ 식사시간에 많은 사람들이 한꺼번에 몰릴 것을 예상하여 1인분 그릇에 1인분의
분량을 담는다. 쟁반에 음식 담은 그릇을 올리고 쟁반을 올리고 음식 담은 그릇

을 올리고를 반복하여 서비스가 빨리 이루어질 수 있도록 한다.

❸ 급식자가 오는 시간대와 급식을 해야 하는 급식자를 파악하여 얼마나 1인분 그 릇에 담아 두어야 하는지를 판단한다. 모든 음식은 먹기 직전에 담는 것이 가장 맛도 좋고 보기도 때문이다.

2) 도라지오이생채

◈ 재료

- 찢은 도라지 2kg
- 오이 1kg

- 대파 200g
- 소금 3큰술

양념 : 고춧가루 1/2컵, 고추장 1컵, 설탕 1/2컵, 물엿 1/2컵, 다진 대파 100g, 다진 마늘 50g, 참깨 3큰술, 식초 120ml

◈ 만드는 방법

❶ 도라지는 소금으로 자박자박 주물러 물에 헹궈 물기를 제거한다.

❷ 오이는 깨끗하게 씻어 반으로 갈라 어슷하게 썬다.

❸ 대파는 손질 후 어슷하게 썬다.

❹ 믹싱볼에 준비된 도라지, 오이를 담고 고춧가루, 고추장, 설탕, 물엿, 다진 대파, 다진 마늘, 참깨, 식초를 넣어 버무린 뒤 그릇에 담는다.

❺ 믹싱볼을 세척하고 주변을 정리정돈한다.

❻ 배식대에 도라지오이생채를 담은 그릇을 끼우거나 올려둔다.

❷ 1인분 주문식 급식의 형태

❶ 도라지오이생채를 만들어 통에 담아 냉장고에 보관한다.

❷ 식사시간에 많은 사람들이 한꺼번에 몰린 것을 예상하여 1인분 그릇에 1인분의 분량을 담는다. 쟁반에 음식 담은 그릇을 올리고 쟁반을 올리고 음식 담은 그릇을 올리고를 반복하여 서비스가 빨리 이루어질 수 있도록 한다.

❸ 급식자가 오는 시간대와 급식을 해야 하는 급식자를 파악하여 얼마나 1인분 그릇에 담아 두어야 하는지를 판단한다. 모든 음식은 먹기 직전에 담는 것이 가장 맛도 좋고 보기도 때문이다.

3) 시금치나물

❷ 재료

- 시금치 5kg
- 붉은고추 3개
- 소금 2큰술

　양념 : 국간장 2큰술, 소금 2큰술, 다진 대파 3큰술, 다진 마늘 2큰술, 참기름 100ml, 참깨 3큰술

❷ 만드는 방법

❶ 시금치는 다듬어 뿌리를 자르고 6cm 길이로 자른다.

❷ 흐르는 물에 3~4회 씻어 바구니에 담아 물기를 뺀다.

❸ 회전솥에 물이 끓으면 소금을 넣어 시금치를 데치고, 찬물 또는 얼음물에 헹궈 물기를 짠다.

❹ 붉은고추는 씨를 제거하고 2cm×0.2cm 길이로 고운채를 썬다.

❺ 믹싱볼에 시금치를 담고 고추채, 국간장, 소금, 다진 대파, 다진 마늘, 참기름, 참깨를 넣어 버무린 뒤 그릇에 담는다.

❻ 회전솥과 믹싱볼을 세척하고 주변을 정리정돈한다.

❼ 배식대에 시금치나물 담은 그릇을 끼우거나 올려둔다.

◈ 1인분 주문식 급식의 형태

❶ 시금치나물을 만들어 통에 담아 냉장고에 보관한다.

❷ 식사시간에 많은 사람들이 한꺼번에 몰린 것을 예상하여 1인분 그릇에 1인분의 분량을 담는다. 쟁반에 음식 담은 그릇을 올리고 쟁반을 올리고 음식 담은 그릇을 올리고를 반복하여 서비스가 빨리 이루어질 수 있도록 한다.

❸ 급식자가 오는 시간대와 급식을 해야 하는 급식자를 파악하여 얼마나 1인분 그릇에 담아 두어야 하는지를 판단한다. 모든 음식은 먹기 직전에 담는 것이 가장 맛도 좋고 보기도 때문이다.

4) 참나물

◈ 재료

- 참나물 4kg
- 소금 2큰술
- 붉은고추 3개

  양념 : 소금 , 다진 대파, 다진 마늘, 참기름, 참깨

◈ 만드는 방법

❶ 참나물은 줄기를 10cm 정도만 남기고 억센 부분을 가위로 잘라 손질한다.

❷ 붉은고추는 씨를 제거하고 0.2cm×0.2cm 크기로 다진다.

❸ 회전솥에 물이 끓으면 소금을 넣고 참나물을 넣어 데친다. 찬물 또는 얼음물에

여러 번 헹구어 물기를 짠다.

❹ 믹싱볼에 참나물, 붉은고추, 소금, 다진 대파, 다진 마늘, 참기름, 참깨를 넣어 버무린 뒤 그릇에 담는다.

❺ 회전솥과 믹싱볼을 세척하고 주변을 정리정돈한다.

❻ 배식대에 참나물 담은 그릇을 끼우거나 올려둔다.

⊗ 1인분 주문식 급식의 형태

❶ 참나물 만들어 통에 담아 냉장고에 보관한다.

❷ 식사시간에 많은 사람들이 한꺼번에 몰린 것을 예상하여 1인분 그릇에 1인분의 분량을 담는다. 쟁반에 음식 담은 그릇을 올리고 쟁반을 올리고 음식 담은 그릇을 올리고를 반복하여 서비스가 빨리 이루어질 수 있도록 한다.

❸ 급식자가 오는 시간대와 급식을 해야 하는 급식자를 파악하여 얼마나 1인분 그릇에 담아 두어야 하는지를 판단한다. 모든 음식은 먹기 직전에 담는 것이 가장 맛도 좋고 보기도 때문이다.

5) 청포묵무침

⊗ 재료

- 청포묵 4kg
- 소금 5큰술
- 다진 마늘 2작은술
- 노랑 파프리카 3개
- 붉은 파프리카 3개
- 생표고버섯 15개
- 소고기 채 썬 것 200g
- 참기름 3큰술
- 참깨 2큰술
- 식용유 2큰술

고기양념 : 간장 20g, 설탕 10g, 물엿 10g, 다진 대파 1큰술, 다진 마늘 2작은술,
참기름 2큰술, 참깨 1작은술, 후춧가루 약간

◈ 만드는 방법

❶ 청포묵은 7cm×0.5cm×0.5cm 두께로 채를 썬다. 회전솥에 물이 끓으면 소금을
넣어 청포묵을 데치고 찬물에 헹구고 바구니에 담아 물기를 뺀다.

❷ 파프리카는 반으로 갈라 씨를 제거하고 채를 썬다. 팬에 식용유를 두르고 파프
리카를 색깔별로 각각 볶아 넓은 팬에 식힌다.

❸ 생표고버섯은 기둥을 제거하고 채를 썰어 끓는 소금물에 데쳐 찬물에 헹군다.
물기를 제거한다. 팬에 식용유를 두르고 표고버섯, 소금, 다진 마늘을 넣어 볶아
넓은 팬에 식힌다.

❹ 소고기는 고기 양념으로 버무리고 팬에 볶아 넓은 팬에 식힌다.

❺ 믹싱볼에 청포묵, 파프리카, 표고버섯, 소고기를 담고 참기름, 참깨, 소금을 넣
어 버무린 뒤 그릇에 담는다.

❻ 회전솥, 믹싱볼을 세척하고 주변을 정리정돈한다.

❼ 배식대에 청포묵 무침을 담은 그릇을 끼우거나 올려둔다.

◈ 1인분 주문식 급식의 형태

❶ 청포묵을 만들어 통에 담아 실온에 보관한다. 냉장고에 보관 시 굳어져서 맛의
품질이 떨어진다.

❷ 식사시간에 많은 사람들이 한꺼번에 몰린 것을 예상하여 1인분 그릇에 1인분의
분량을 담는다. 쟁반에 음식 담은 그릇을 올리고 쟁반을 올리고 음식 담은 그릇
을 올리고를 반복하여 서비스가 빨리 이루어질 수 있도록 한다.

❸ 급식자가 오는 시간대와 급식을 해야 하는 급식자를 파악하여 얼마나 1인분 그
릇에 담아 두어야 하는지를 판단한다. 모든 음식은 먹기 직전에 담는 것이 가장
맛도 좋고 보기도 때문이다.

3. 전, 적, 튀김

1) 생선전(100인분)

◈ 재료

- 동태포 5kg
- 밀가루 1kg
- 달걀 30개
- 식용유 1.8L
- 소금 3큰술
- 키친타월 1롤
- 후춧가루 1작은술

  초간장 : 간장 400ml, 물 400ml, 식초 300ml, 설탕 1/2컵, 다진 대파 100g, 다진 마늘 50g,
  참깨 1/2컵

◈ 만드는 방법

❶ 동태포는 해동을 한다.

❷ 해동된 동태포에 물기를 제거하고 소금, 후추로 간을 한다.

❸ 믹싱볼에 달걀을 깨서 거품기로 섞고, 소금으로 간을 한다.

❹ 밀가루, 달걀을 입혀 달구어진 번철에 기름을 두르고 전을 노릇노릇하게 부친다.
번철은 전기전용 번철이 좋다. 그 이유는 자동온도 조절이 되기 때문이다.

❺ 전을 그릇에 담고 번철을 세척하고 주변을 정리정돈한다.

❻ 믹싱볼에 간장, 물, 식초, 설탕, 다진 대파, 다진 마늘, 참깨를 섞어 초간장을 만

들어 그릇에 담는다. 믹싱볼을 세척한다.

❤ 1인분 주문식 급식의 형태

❶ 동태포는 하루에 사용할 분량을 하루 전날 냉장고에 옮겨 냉장해동을 실시한다.

❷ 전간장을 만들어 냉장고에 보관한다.

❸ 달걀은 한끼 사용분을 믹싱볼에 깨서 풀어 놓는다.

❹ 밀가루는 주문량에 따라 덜어서 사용한다.

❺ 주문이 들어오면 번철에 식용유를 두르고 해동된 동태포의 물기를 키친타월로 제거하고 밀가루를 덜어 밀가루를 묻히고, 달걀도 사용분만큼만 덜어서 사용을 한다. 한끼 사용분으로 예상을 하더라도 몇 시간 동안 달걀을 방치해 두고 사용한다면 조리된 음식의 위생 및 맛도 떨어지기 때문에 손이 많이 간다 생각하지 말고 덜어 사용하는 습관을 가져야 한다. 동태포도 냉장고에 넣어 두고 주문량만큼씩 꺼내어 사용을 해야 한다.

❻ 동태포를 직접 떠서 사용하는 경우는 동태포를 떠서 쟁반에 비닐을 한켜 놓고 동태포 올리고 비닐을 한켜 놓고 동태포 올리고를 반복하여 냉동실에 넣어 두고 사용한다. 해동시에는 비닐만 들춰 올리면 한켜씩 떨어지기 때문에 동태포, 새우전용 새우 등도 이 방법을 사용해 밑준비를 한다.

냉동실에 보관을 할 때는 랩으로 포장을 잘해서 공기 접촉 및 오염이 안되도록 한다. 만든 일자 등의 정보가 적힌 스티커를 붙여 보관한다.

❼ 완성된 생선전은 기름기를 제거하여 1인분 그릇에 담아주고 미리 만들어 놓은 초간장을 곁들인다.

2) 애호박전(100인분)

✅ 재료

- 애호박 3kg
- 달걀 20개
- 소금 3큰술
- 식용유 1L
- 밀가루 500g

  초간장 : 간장 400ml, 물 400ml, 식초 300ml, 설탕 1/2컵, 다진 대파 100g,
  다진 마늘 50g, 참깨 1/2컵

✅ 만드는 방법

❶ 애호박은 씻어 0.5cm 두께로 둥글게 썬다.

❷ 회전솥에 물이 끓으면 소금을 넣고 호박을 데쳐내어 넓은 팬에 빠르게 식힌다. 이때 물에 헹구면 맛이 없어지므로 시원한 곳에서 자연적으로 식히는 것이 좋다.

❸ 믹싱볼에 달걀을 깨서 거품기로 섞고, 소금으로 간을 한다.

❹ 데친 호박에 밀가루, 달걀을 입혀 번철에 노릇노릇하게 지진다.

❺ 전을 그릇에 담고 번철을 세척하고 주변을 정리정돈한다.

❻ 믹싱볼에 간장, 물, 식초, 설탕, 다진 대파, 다진 마늘, 참깨를 섞어 초간장을 만들고 그릇에 담는다. 믹싱볼을 세척한다.

✅ 1인분 주문식 급식의 형태

❶ 애호박은 하루 사용분을 손질하여 끓는 소금물에 썰은 호박을 데쳐내어 넓은 팬에 빠르게 식히고 보관용기에 담아 냉장고에 보관한다.

❷ 초간장을 만들어 냉장고에 보관한다.

❸ 달걀은 하루 사용분을 믹싱볼에 깨어 풀은 다음 적당량씩 덜어 사용한다.

❹ 밀가루는 주문이 들어오면 적당량 그릇에 덜어 사용한다.

❺ 주문이 들어오면 번철에 식용유를 두르고 애호박, 밀가루, 달걀을 입혀 전을 부친다.

❻ 기름기를 제거하고 1인분 그릇에 담아 초간장과 서비스한다.

3) 육전(100인분)

◈ 재료

- 소고기 우둔살 썬 것(0.3cm Slice) 3kg
- 소금 1큰술
- 달걀 30개
- 밀가루 500g
- 흑임자 5큰술
- 식용유 1L
- 파슬리가루 5큰술

    초간장 : 간장 400ml, 물 400ml, 식초 300ml, 설탕 1/2컵, 다진 대파 100g,
    다진 마늘 50g, 참깨 1/2컵

◈ 만드는 방법

❶ 소고기의 핏물을 제거한다.

❷ 소금, 후추로 간을 한다.

❸ 달걀을 믹싱볼에 깨고 섞는다.

❹ 달걀물에 흑임자, 파슬리가루, 소금을 넣어 잘 섞는다.

❺ 번철에 온도를 올리고 기름을 두른 다음 소고기에 밀가루, 달걀을 입혀 노릇노릇하게 지진다.

❻ 완성된 육전은 배식 그릇에 담는다.

❼ 믹싱볼에 간장, 물, 식초, 설탕, 다진 대파, 다진 마늘, 참깨를 섞어 초간장을 만들고 그릇에 담는다. 믹싱볼을 세척한다.

❽ 번철을 세척하고, 믹싱볼 등 주변을 정리정돈한다.

◈ 1인분 주문식 급식의 형태

❶ 소고기 우둔살 썰은 것(0.3cm Slice)은 쟁반에 비닐을 한켜 깔고 고기 놓고 비닐 한켜 깔고 고기 놓고를 반복하고 랩을 씌워 냉동실에 보관한다. 하루 사용분만 냉장해동하여 냉장고에 보관해 두고 사용한다.

❷ 초간장을 만들어 냉장고에 보관한다.

❸ 달걀은 하루 사용분을 믹싱볼에 깨어 풀은 다음 적당량씩 덜어 사용한다.

❹ 밀가루는 주문이 들어오면 적당량 그릇에 덜어 사용한다.

❺ 주문이 들어오면 번철에 식용유를 두르고 고기, 밀가루, 달걀(흑임자, 파슬리)을 입혀 전을 부친다.

❻ 기름기를 제거하고 1인분 그릇에 담아 초간장과 서비스한다.

4) 꽈리고추산적

◈ 재료

- 꽈리고추 2kg
- 소고기(산적용) 2.5kg
- 식용유 500ml
- 산적꼬지
- 소금 1큰술
- 땅콩가루 50g

고기양념 : 간장 300ml, 설탕 1/2컵, 물엿 1/2컵, 다진 대파 70g, 다진 마늘 30g, 참기름 30ml, 참깨 2큰술

만드는 방법

❶ 꽈리고추는 꼭지를 뗀다.

❷ 회전솥에 물이 끓으면 소금 1큰술을 넣고 꽈리고추를 데친다. 찬물에 헹구고 물기를 뺀다.

❸ 소고기에 간장, 설탕, 물엿, 다진 대파, 다진 마늘, 참기름, 참깨를 넣어 버무린다.

❹ 꼬치에 꽈리고추, 고기, 꽈리고추, 고기, 꽈리고추를 끼운다.

❺ 번철을 달구고 식용유를 두른 다음 산적을 앞뒤로 지진다.

❻ 지져낸 산적은 땅콩가루를 뿌려 급식 그릇에 담는다.

❼ 번철을 세척하고 주변을 정리정돈한다.

1인분 주문식 급식의 형태

❶ 꽈리고추는 꼭지를 뗀다.

❷ 하루 판매량을 결정하여 회전솥에 물이 끓으면 소금을 넣고 꽈리고추를 데친다. 찬물에 헹구고 물기를 뺀다.

❸ 소고기에 간장, 설탕, 물엿, 다진 대파, 다진 마늘, 참기름, 참깨를 넣어 버무린다.

❹ 꼬치에 꽈리고추, 고기, 꽈리고추, 고기, 꽈리고추를 끼운다.

❺ 주문이 들어오면 달구어진 번철에 식용유를 두른 다음 산적을 앞뒤로 지진다. 예약이 되어 있거나 단체 손님이 있다면 시간에 맞추어 지지기를 해야 한다.

❻ 지져낸 산적은 땅콩가루를 뿌려 급식 그릇에 담는다.

❼ 번철을 세척하고 주변을 정리정돈한다.

5) 오징어튀김

◈ 재료

- 냉동 오징어(Slice) 3kg
- 청주 1/2컵
- 후춧가루 1작은술
- 다진 마늘 3큰술
- 튀김가루 1kg
- 전분 100g
- 파슬리가루 15g
- 식용유 5L

◈ 만드는 방법

❶ 냉동된 오징어는 해동한다.

❷ 오징어에 청주, 후춧가루, 다진 마늘로 양념을 한다.

❸ 튀김가루 800g과 전분을 섞어 반죽을 한다.

❹ 오징어에 200g의 튀김가루를 뿌려 고루 섞고 튀김반죽을 입혀 튀긴다.

　(튀김기는 업장마다 사용하는 것이 다른데 보통 전기식 튀김기, 가스식 튀김기, 회전솥 등을 사용하는데, 전기식튀김기가 기름의 온도(160~170℃)를 일정하게 유지해 주기 때문에 가장 편리하게 조리할 수 있다.)

❺ 튀김은 두 번 튀겨 기름기를 제거한다.

❻ 오징어튀김을 그릇에 담는다.

❼ 기름의 식으면 튀김기에서 기름을 빼고 세척한다.

◈ 1인분 주문식 급식의 형태

❶ 냉동된 오징어는 해동한다.

❷ 오징어에 청주, 후춧가루, 다진 마늘로 양념을 한다.

❸ 튀김가루 800g과 전분가루를 섞어 반죽을 한다.

❹ 주문이 들어오면 오징어에 튀김가루를 뿌려 고루 섞고 튀김반죽을 입혀 튀긴

다. 튀김기를 이용하여 기름의 온도 160~170℃에서 두 번 튀겨낸다. 예약, 단체 손님에 따라 한 번 튀겨두고 주문이 들어오면 한 번 더 튀겨주기도 한다.

❺ 오징어튀김을 그릇에 담는다.

❻ 튀김기에 기름은 고운 자루체로 기름을 정리정돈한다. 기름이 작은 찌꺼기로 인해 사용수명이 적어지지 않도록 관리하는 것이다.

6) 포크커틀렛(100인분)

❤ 재료

- 돼지고기 등심(커틀렛용) 10kg
- 양송이 1.5kg
- 소금 100g
- 후추 30g
- 다진 마늘 100g
- 청주 100g

- 생강즙 50g
- 달걀 50개
- 밀가루 1.5kg
- 빵가루 6kg
- 식용유 10L

커틀렛소스 : 버터 1kg, 토마토페이스트 500g, 케첩 1kg, 우스타소스 500g, 데미글라스소스 500g, 하이스가루 1kg, 물 8.5L

❤ 만드는 방법

❶ 돼지고기는 방망이(Meat Tenderizer, 미트 텐더라이저)로 넓게 펴서 소금, 후추, 다진 마늘, 청주, 생강즙으로 양념을 한다.

❷ 믹싱볼에 달걀을 깨서 풀어둔다.

❸ 돼지고기에 밀가루, 달걀물, 빵가루 순으로 튀김옷을 입힌다.

❹ 솥이나 튀김기에 식용유를 붓고 기름온도가 180℃가 되면 튀김옷을 입은 돼지

고기를 노릇노릇하게 튀긴다.

❺ 양송이버섯을 흐르는 물에 씻어 0.3cm로 편으로 썬다.

❻ 회전솥에 버터를 넣고 녹으면 양송이를 넣어 볶는다. 토마토페이스트와 케첩을 넣고 15분 정도 충분히 볶아준다. 우스타소스, 데미글라스소스를 넣고 물 5.5L 를 넣어 끓인다. 하이스가루에 물 3L를 넣어 위퍼로 저어서 끓는 소스에 천천히 넣으면서 젓는다.

❼ 그릇에 튀긴 돼지고기를 담고 소스를 곁들인다.

❽ 튀김기를 정리정돈한다.

> **참고**
>
> * 커틀렛은 전날 만들어 냉동실에 보관하고 다음날 해동하지 않고 언 상태로 튀긴다.

◉ 1인분 주문식 급식의 형태

❶ 돼지고기는 방망이(Meat Tenderizer, 미트 텐더라이저)로 넓게 펴서 소금, 후추, 다진 마늘, 청주, 생강즙으로 양념을 한다.

❷ 믹싱볼에 달걀을 깨서 풀어둔다.

❸ 돼지고기에 밀가루, 달걀물, 빵가루 순으로 튀김옷을 입힌다. 인서트에 비닐 한 켜 튀김옷을 입은 돼지고기 한켜를 반복하여 담는다. 냉동 또는 냉장고에 보관을 하고 사용한다.

❹ 주문이 들어오면 튀김기의 180℃ 기름에서 튀김옷을 입은 돼지고기를 노릇노릇하게 튀긴다. 단체손님이나 예약이 있다면 한 번 튀겨 놓고 주문이 들어오면 한 번 더 튀겨 서비스시간을 맞추어 준다.

❺ 커틀렛소스는 하루 사용량을 만들어서 따뜻하게 보관해 두고 사용한다.

❻ 그릇에 튀긴 돼지고기를 담고 소스를 곁들인다.

❼ 튀김기를 정리정돈한다.

7) 탕수육(100인분)

💛 재료

- 돼지고기 등심(탕수육용) 7kg
- 소금 150g
- 생강즙 50g
- 다진 마늘 300g
- 후춧가루 10g
- 달걀 30개
- 전분 2.5kg
- 튀김가루 2kg
- 물 3L
- 식용유 6L

탕수소스 : 당근 1kg, 오이 1kg, 양파 1kg, 파인애플캔 3kg, 마른 목이버섯 50g,
진간장 200g, 식초 800g, 설탕 1.3kg, 물 4.5L

전분물 : 전분 300g, 물 300ml

💛 만드는 방법

❶ 돼지고기는 핏물을 제거하고 소금, 생강즙, 다진 마늘, 후춧가루로 버무린다. 전분 500g을 넣어 버무린다.

❷ 믹싱볼에 달걀을 깨고 전분, 튀김가루, 물을 넣어 튀김용 반죽을 만든다.

❸ 회전솥이나 튀김기에 기름을 부어 180℃가 되도록 한다.

❹ 전분에 버무린 돼지고기를 반죽옷을 입혀 기름에 두 번 튀긴다. 그릇에 나누어 담는다.

❺ 당근은 은행잎 썰기, 오이는 반달썰기, 양파는 2cm×2cm 크기로 썬다. 마른 목이버섯은 물에 불려 2cm 크기로 찢는다. 파인애플은 국물과 분리하여 2cm 크

기로 썬다.

❻ 회전솥에 물을 넣어 끓으면 당근, 오이, 양파, 목이버섯, 파인애플을 넣고 진간
장, 식초, 설탕을 넣어 끓인다. 전분물을 조금씩 넣으며 농도를 맞춘다. 그릇에
나누어 담는다.

❼ 회전솥 또는 튀김기를 세척하고 주변을 정리정돈한다.

◉ 1인분 주문식 급식의 형태

❶ 돼지고기는 핏물을 제거하고 소금, 생강즙, 다진 마늘, 후춧가루로 버무린다. 전
분 500g을 넣어 버무린다.

❷ 믹싱볼에 달걀을 깨고 전분, 튀김가루, 물을 넣어 튀김용 반죽을 만든다.

❸ 회전솥이나 튀김기에 기름을 부어 180℃가 되도록 한다.

❹ 전분에 버무린 돼지고기를 반죽옷을 입혀 기름에 한 번 튀기고 주문이 들어오
면 노릇하게 한 번 더 튀긴다.

❺ 소스는 미리 만들어 두고 곁들인다. 그런데 고급 단체급식의 경우는 소스를 주
문 시 즉석으로 만들어 사용하기도 한다.

❻ 회전솥 또는 튀김기를 세척하고 주변을 정리정돈한다.

8) 닭가슴살튀김(100인분)

◉ 재료

- 닭가슴살 4kg
- 소금 100g
- 후춧가루 5g
- 파슬리가루 50g
- 콘플레이크 2kg
- 달걀 15개
- 밀가루 1kg
- 식용유 4L

• 양파 500g

마늘소스 적당량

◉ 만드는 방법

❶ 닭가슴살은 0.5cm 두께로 포를 뜬다.

❷ 양파는 블랜더에 갈아 체에 내려 즙을 만든다.

❸ 닭가슴살에 소금, 후추, 파슬리가루, 양파즙을 넣어 버무린다.

❹ 콘플레이크는 커터기에 갈아 잘게 부순다.

❺ 믹싱볼에 달걀을 깨고 풀어 놓는다.

❻ 닭가슴살은 밀가루, 달걀 콘플레이크 순으로 튀김옷을 입힌다.

❼ 회전솥이나 튀김기에 기름을 부어 170~180℃가 되도록 하여 튀김옷을 입힌 닭
가슴살을 노릇하게 튀겨 기름을 빼고 그릇에 나누어 담는다. 마늘소스를 곁들
인다.

◉ 1인분 주문식 급식의 형태

❶ 닭가슴살은 0.5cm 두께로 포를 뜬다.

❷ 양파는 블랜더에 갈아 체에 내려 즙을 만든다.

❸ 닭가슴살에 소금, 후추, 파슬리가루, 양파즙을 넣어 버무린다.

❹ 콘플레이크는 커터기에 갈아 잘게 부순다.

❺ 믹싱볼에 달걀을 깨고 풀어 놓는다.

❻ 닭가슴살은 밀가루, 달걀 콘플레이크 순으로 튀김옷을 입힌다. 인서트에 사용
하기 좋게 담아둔다. 냉장고에 보관해 두고 사용한다.

❼ 회전솥이나 튀김기에 기름을 부어 170~180℃가 되도록 하여 유지하며 주문이
들어오면 튀김옷을 입힌 닭가슴살을 노릇하게 2번 튀겨 기름을 빼고 그릇에 나

누어 담는다. 마늘소스를 곁들인다.

9) 연근튀김

◈ 재료

- 연근 5kg
- 소금 6큰술
- 식초 360ml
- 식용유 4L
- 소금 1큰술

◈ 만드는 방법

❶ 연근은 껍질을 벗기고 슬라이스머신으로 최대한 얇고 둥글게 썬다.

❷ 연근을 그릇에 담고 연근이 물에 잠기도록 물을 담고 소금과 식초를 넣어 10분 정도 둔다.

❸ 바구니에 연근을 담고 물기를 제거한다.

❹ 회전솥이나 튀김기에 식용유를 부어 180℃가 되면 연근을 노릇노릇하게 튀겨 소금을 약간 뿌린다.

◈ 1인분 주문식 급식의 형태

❶ 연근튀김을 하여 기름기를 제거하고 소금을 뿌리고 식혀서 비닐 봉지에 담아 바삭하게 유지하며 실온에 두고 주문이 들어오면 그릇에 담아 서비스한다.

4. 조림, 볶음

1) 꼴뚜기조림(100인분)

◈ 재료

- 마른꼴뚜기 2.5kg
- 청주 200g
- 밀가루 1컵
- 청양고추 15개
- 붉은고추 15개

양념 : 물 1.5L, 간장 350ml, 물엿 180g, 설탕 170g, 청주 200ml, 다진 마늘 100g, 생강즙 50g, 참기름 100g, 통깨 30g, 후춧가루 2작은술

◈ 만드는 방법

❶ 마른꼴뚜기는 물에 담가 청주를 넣어 30분 정도 불린다.

❷ 불린 꼴뚜기는 밀가루로 바락바락 주물러 씻어 물기를 제거한다.

❸ 풋고추, 붉은고추는 어슷썰기를 한다.

❹ 회전솥에 물, 간장, 물엿, 설탕, 청주, 다진 마늘, 생강즙, 참기름, 통깨, 후춧가루를 넣고 끓으면 청양고추, 붉은고추, 꼴뚜기를 넣어 물기가 없어질 때까지 조린다.

❺ 조린 꼴뚜기를 그릇에 나누어 담는다.

❻ 회전솥은 세척하고 주변을 정리정돈한다.

◈ 1인분 주문식 급식의 형태

❶ 꼴뚜기를 미리 졸여 식힌 다음 인서트에 담아 냉장고에 보관을 한다.

❷ 급식인원, 예약, 단체 손님에 따라 급식그릇에 미리 담아 준비하거나 손님 주문 시 급식그릇에 담아 서비스한다.

2) 돼지고기 장조림(100인분)

◈ 재료

• 돼지고기 안심 5kg   • 마른 고추 20개

• 마늘 500g,

   양념 : 물 10L, 대파 300g, 마늘 200g, 생강 100g, 통후추 20g, 간장 1.5L, 설탕 7kg,

   청주

◈ 만드는 방법

❶ 돼지고기 안심은 5cm 길이로 토막을 낸다. 찬물에 담궈 핏물을 뺀다.

❷ 마늘은 편으로 썬다.

❸ 마른고추는 어슷썰기를 한다.

❹ 회전솥에 10L의 물이 끓으면 씨를 제거한다. 끓는 물에 돼지고기를 데쳐낸다.

❺ 회전솥은 씻어내고 다시 물 10L, 간장, 설탕, 청주를 넣어 끓으면 돼지고기 데친

   것을 넣어 조린다. 그릇에 양념장과 돼지고기를 나누어 담는다.

❻ 돼지고기는 결대로 찢거나 칼로 썰어서 양념장에 넣는다.

❼ 회전솥과 믹싱볼 등 세척을 하고 주변을 정리정돈한다.

◈ 1인분 주문식 급식의 형태

❶ 돼지고기 장조림은 미리 만들어 냉장고에 보관을 한다.

❷ 급식인원, 예약, 단체 손님에 따라 급식그릇에 미리 담아 준비하거나 손님 주문

   시 급식그릇에 담아 서비스한다.

3) 잔멸치볶음(100인분)

✪ 재료

- 잔멸치 2kg
- 꽈리고추 200g
- 마늘 200g
- 식용유 1컵
- 호두 150g
- 호박씨 150g
- 해바라기씨 150g
- 참기름 40g
- 참깨 20g
- 소금 1작은술

소금물 : 소금 2작은술, 물 2L

양념 : 간장 100ml, 설탕 3컵, 청주 1컵, 통깨 20g, 참기름 20g

✪ 만드는 방법

❶ 잔멸치는 가루와 불순물을 제거한다.

❷ 꽈리고추는 반으로 자른다.

❸ 마늘은 편으로 썬다.

❹ 회전솥을 달구어 호두, 호박씨, 해바라기씨를 살짝 볶아 그릇에 담아둔다.

❺ 회전솥에 잔멸치를 달달볶아 노릇노릇하게 하여 그릇에 담아 둔다.

❻ 회전솥에 물을 받고 소금을 넣어 물이 끓으면 꽈리고추를 데쳐 찬물에 헹군다. 물기를 제거하고 꽈리고추에 기름을 둘러 소금간을 하고 새파랗게 볶아 드릇에 담아둔다.

❼ 회전솥에 기름을 두르고 마늘을 노릇하게 튀긴 다음 준비된 잔멸치, 꽈리고추, 호두, 호박씨, 해바라기씨를 넣고 솥에 불을 끈 다음 간장, 설탕, 청주, 통깨, 참기름을 넣어 잔열로 볶아낸다. 넓은 쟁반에 나누어 꺼낸다. 얇게 펴서 빨리 식을 수 있도록 한다.

❽ 회전솥을 세척하고 주변정리를 한다.

❾ 준비된 멸치볶음이 식으면 참기름, 참깨를 넣어 버무린다. 배식 그릇에 나누어
담는다. 쟁반을 세척한다.

> **참고**
>
> * 조리할 때 회전솥, 만능조리기 등을 사용한다.

❤ 1인분 주문식 급식의 형태

❶ 잔멸치볶음은 미리 만들어 냉장고에 보관을 한다.

❷ 급식인원, 예약, 단체 손님에 따라 급식그릇에 미리 담아 준비하거나 손님 주문
시 급식그릇에 담아 서비스한다.

4) 오징어채볶음(100인분)

❤ 재료

• 오징어채 2kg

양념 : 고추장 1/3컵, 물엿 2컵, 간장 1컵, 맛술 2컵, 마요네즈 2컵, 설탕 1/2컵,
고운고춧가루 1/2컵, 통깨 1/2컵

❤ 만드는 방법

❶ 회전솥에 물이 끓으면 오징어채를 살짝 데쳐서 물기를 제거하고 5cm 길이로
썬다.

❷ 회전솥에 고추장, 물엿, 간장, 맛술, 마요네즈, 설탕, 고운고춧가루를 넣어 한소
끔 끓이고 불을 끈 다음 데쳐 놓은 오징어채를 넣어 버무린다.

❸ 넓은 쟁반에 나누어 담고 식힌다.

❹ 회전솥을 세척하고 주변을 정리정돈한다.

❺ 식은 오징어채는 배식 그릇에 나누어 담는다.

❻ 넓은 쟁반을 세척한다.

◎ 1인분 주문식 급식의 형태

❶ 오징어채볶음은 미리 만들어 냉장고에 보관을 한다.

❷ 급식인원, 예약, 단체 손님에 따라 급식그릇에 미리 담아 준비하거나 손님 주문
시 급식그릇에 담아 서비스한다.

5) 제육볶음(100인분)

◎ 재료

- 돼지고기(Slice 0.3cm) 10kg
- 대파 1kg
- 양파 3kg
- 식용유 50ml

양념 : 고추장 5컵, 굵은고춧가루 4컵, 간장 300ml, 설탕 2컵, 물엿 2컵, 다진 마늘 50g,
생강즙 50g, 후춧가루 2작은술, 참기름 50ml

◎ 만드는 방법

❶ 양파는 1cm 두께로 채를 썰고, 대파는 어슷썰기를 한다.

❷ 믹싱볼에 고추장, 굵은고춧가루, 간장, 설탕, 물엿, 다진 마늘, 생강즙, 후춧가루,

참기름을 담아 섞는다.

❸ 회전솥을 달군 후 식용유를 두르고 돼지고기, 양파, 대파, 양념을 버무려 넣어 볶는다.

❹ 배식 그릇에 나누어 담는다.

❺ 회전솥을 세척하고 주변을 정리정돈한다.

❤ 1인분 주문식 급식의 형태

❶ 양파는 1cm 두께로 채를 썰고, 대파는 어슷썰기를 한다.

❷ 믹싱볼에 고추장, 굵은고춧가루, 간장, 설탕, 물엿, 다진 마늘, 생강즙, 후춧가루, 참기름을 담아 섞는다.

❸ 주문이 들어오면 팬을 달군 후 식용유를 두르고 돼지고기, 양파, 대파, 양념을 버무려 넣어 볶는다. 또는 양념으로 준비된 재료를 모두 버무려 두고 주문량을 덜어서 사용을 하기도 한다.

❹ 완성된 음식은 배식 그릇에 담아 서비스한다.

6) 닭갈비볶음(100인분)

❤ 재료

• 닭다리살	• 붉은고추 10개
• 양배추 2.5kg	• 풋고추 10개
• 양파 1kg	• 대파 1kg
• 고구마 1kg	• 깻잎 150장
• 떡국떡 1kg	• 식용유 500ml

양념 : 간장 350ml, 고추장 1½컵, 굵은고춧가루 3컵, 설탕 12큰술, 물엿 2컵, 다진 대파 1컵, 다진 마늘 50g, 생강즙 50g, 청주 2컵, 참기름 180ml, 참깨 1/2컵, 후춧가루 1큰술

◈ 만드는 방법

❶ 닭다리살은 씻어 물기를 빼고 1cm 두께로 썬다.

❷ 양배추는 4cm×4cm 크기로 썬다.

❸ 양파는 1.5cm 두께로 채를 썬다.

❹ 고구마는 1cm×3cm×4cm 크기로 썬다.

❺ 떡국떡은 찬물에 담근다.

❻ 붉은고추, 풋고추는 어슷썰기하여 씨를 제거한다.

❼ 대파는 굵게 어슷썰기 한다.

❽ 깻잎은 씻어 물기를 제거하고 6등분하여 썬다.

❾ 믹싱볼에 간장, 고추장, 굵은고춧가루, 설탕, 물엿, 다진 대파, 다진 마늘, 생강즙, 청주, 참기름, 참깨, 후춧가루를 담아 섞고 닭다리살 썰은 것을 버무린다.

❿ 만능팬에 식용유를 두르고 양념한 닭고기, 채소, 떡 등을 넣어 불을 켜서 익힌다. 깻잎은 불을 끄고 마지막에 넣어 버무린다.

⓫ 조리 된 음식은 배식 그릇에 나누어 담는다.

⓬ 만능팬을 세척하고 주변을 정리정돈한다.

◈ 1인분 주문식 급식의 형태

❶ 닭갈비볶음은 서비스 형태가 즉석이 가능하다면 재료와 소스를 따로 만들어 두고 주문 시 즉석조리가 가능하도록 철판에 준비된 재료를 올려 익혀 먹을 수 있도록 한다.

❷ 즉석조리가 불가능하다면 재료와 소스를 따로 만들어 두고 주문이 들어오면 즉시 조리하여 서비스를 한다. 하지만 조리 시간을 단축하고 싶다면 닭고기만 양념하여 익혀두고 주문이 들어오는 즉시 채소와 부재료를 넣어 볶아 서비스한다. 이때 고구마는 잘 안 익기 때문에 끓는 물에 한 번 데쳐내어 사용을 하기도 한다.

7) 소고기볶음(100인분)

⊗ 재료

- 불고기용 소고기(slice 0.2cm) 5kg
- 마른 표고버섯 50개
- 양파 1.5kg
- 식용유 50ml
- 대파 1kg

  양념 : 간장 750g, 설탕 2컵, 배즙 2컵, 양파즙 2컵, 다진 대파 2컵, 다진 마늘 100g, 참기름 2컵, 참깨 1/2컵, 청주 1/2컵, 후춧가루 1큰술

⊗ 만드는 방법

❶ 소고기는 핏물을 제거한다.

❷ 양파는 1cm 두께로 썰고 대파는 어슷썰기를 한다.

❸ 표고버섯을 물에 불려 기둥을 제거하고 채를 썬다.

❹ 믹싱볼에 간장, 설탕, 배즙, 양파즙, 다진 대파, 다진 마늘, 참기름, 참깨, 청주, 후춧가루를 넣어 고루 섞고 소고기를 넣어 양념을 한다.

❺ 구원진 만능팬이나 회전솥에 양념한 고기를 볶아 반 정도 익으면 양파, 대파, 표고버섯을 넣어 함께 익힌다.

❻ 배식 그릇에 나누어 담고 팬이나 솥을 세척한다.

❼ 주변 정리를 한다.

❤ 1인분 주문식 급식의 형태

❶ 소고기는 핏물을 제거한다.

❷ 양파는 1cm 두께로 썰고 대파는 어슷썰기를 한다.

❸ 표고버섯을 물에 불려 기둥을 제거하고 채를 썬다.

❹ 믹싱볼에 간장, 설탕, 배즙, 양파즙, 다진 대파, 다진 마늘, 참기름, 참깨, 청주, 후춧가루를 넣어 고루 섞고 소고기를 넣어 양념을 한다. 또는 고기, 채소, 양념을 따로 보관하여 두고 사용하기도 한다.

❺ 주문이 들어오면 달구어진 팬에 양념한 고기를 볶아 반 정도 익으면 양파, 대파, 표고버섯을 넣어 함께 익히고 그릇에 담아 낸다.

8) 삼치조림(100인분)

❤ 재료

- 삼치(4~5cm 절단) 10kg
- 삶은 시래기 5kg
- 생강 200g
- 대파 1kg,
- 청양고추 500g
- 물 4.5L

  양념 : 간장 700ml, 고추장 1½컵, 고춧가루 5컵, 설탕 3컵, 다진 마늘 70g, 다진 생강 50g, 청주 50ml, 후춧가루 1큰술

❤ 만드는 방법

❶ 삼치는 찬물에 헹구어 바구니에 담아 물기를 뺀다.

❷ 삶은 시래기는 껍질을 벗기고 6cm 길이로 자른다.

❸ 생강은 편으로 썬다.

❹ 대파는 어슷썰기를 한다.

❺ 청양고추는 어슷하게 썰어 물에 헹궈 물기를 제거한다.

❻ 믹싱볼에 간장, 고추장, 고춧가루, 설탕, 다진 마늘, 다진 생강, 청주, 후춧가루를 넣어 섞는다.

❼ 시래기를 양념장에 무쳐 회전솥이나 만능팬의 바닥에 깔고 삼치와 생강, 고추를 올리고 물을 부어 끓인다. 대파를 넣고 졸이고 중간중간 국물를 끼얹으며 조린다.

❽ 완성된 삼치조림은 배식 그릇에 나누어 담는다.

❾ 회전솥이나 만능팬을 세척하고 주변을 정리정돈한다.

◉ 1인분 주문식 급식의 형태

❶ 삼치는 찬물에 헹구어 바구니에 담아 물기를 뺀다.

❷ 삶은 시래기는 껍질을 벗기고 6cm 길이로 자른다.

❸ 생강은 편으로 썬다.

❹ 대파는 어슷썰기를 한다.

❺ 청양고추는 어슷하게 썰어 물에 헹궈 물기를 제거한다.

❻ 믹싱볼에 간장, 고추장, 고춧가루, 설탕, 다진 마늘, 다진 생강, 청주, 후춧가루를 넣어 섞는다.

❼ 주문이 들어오면 냄비를 준비하고 시래기에 양념장을 덜어 버무리고 바닥에 깐 다음 삼치와 생강, 고추를 올리고 물을 부어 끓인다. 대파를 넣고 졸이고 중간중간 국물를 끼얹으며 졸인다. 단체나 예약이 많다면 미리 졸여두고 한 번 더 끓여 나가는 방법을 선택하기도 한다.

> **참고**
>
> * 음식은 서비스 방법, 서비스 상황에 따라 변화 된 조리 순서를 결정해야 한다.

9) 연근조림(100인분)

⊗ 재료

- 통연근 5kg   • 식초 1컵

  양념 : 간장 1kg, 물 6L, 설탕 500g, 물엿 500g, 대파 500g, 양파 500g, 마늘 200g,

  생강 100g, 마른 고추 10개, 통후추 3큰술

⊗ 만드는 방법

❶ 통연근은 껍질을 벗기고 1cm 두께로 썰어 물에 헹군다.

❷ 회전솥에 물 3L를 부어 끓으면 식초를 넣고 썰어놓은 연근을 데친다. 솥에 연근만 두고 물을 따라 버린다. 간장, 물, 설탕, 물엿, 대파, 양파, 마늘, 생강, 마른 고추, 통후추를 넣어 센불에서 끓이다가 국물이 끓으면 중불로 줄여 조린다. 또는 조림간장을 만들어 체에 거른 다음 연근을 넣어 졸이기도 한다.

❸ 잘 조린 연근은 배식 그릇에 나누어 담는다.

❹ 회전솥을 세척하고 주변을 정리정돈한다.

⊗ 1인분 주문식 급식의 형태

❶ 연근조림은 미리 만들어 냉장고에 보관을 한다.

❷ 급식인원, 예약, 단체 손님에 따라 급식그릇에 미리 담아 준비하거나 손님 주문 시 급식그릇에 담아 서비스한다.

5. 국, 탕

1) 무맑은국(100인분)

⊗ 재료

- 무 7.5kg
- 소고기 사태(국거리용) 5kg
- 참기름 2컵
- 다시마 200g
- 대파 1kg

- 물 25L
- 국간장 100ml
- 소금 4큰술
- 다진마늘 50g
- 후춧가루 1큰술

⊗ 만드는 방법

❶ 무는 2.5×2.5×0.3cm 크기로 나박썰기를 한다.

❷ 소고기는 핏물을 제거한다.

❸ 대파는 어슷썰기를 한다.

❹ 회전솥에 참기름을 두르고 무, 소고기를 볶아 물, 다시마를 넣고 끓인다. 국물이 끓으면 다시마는 먼저 건져 2cm 크기로 썰어 그릇에 담아둔다.

❺ 국간장, 소금, 후춧가루를 넣어 간을 한다.

❻ 대파, 다시마를 넣어 한소끔 더 끓인다.

❼ 배식 그릇에 나누어 담는다.

❽ 회전솥을 세척하고 주변을 정리정돈한다.

⊗ 1인분 주문식 급식의 형태

❶ 무맑은국은 미리 끓여 식힌 다음 냉장고에 보관을 한다.

❷ 주문이 들어오면 주문량만큼 냄비에 덜어 펄펄 끓인다.

❸ 급식 그릇에 담고 고명을 하여 서비스한다.

> **참고**
>
> * 국은 끓여서 식힐 때 국 내부까지 차게 식을 수 있도록 중간중간 저어주어 식힌다. 덜 식은 것을 보관하면 상하기 쉽다. 얼음물에 식히거나 쿨링기계를 사용하여 식힌다.

2) 소고기미역국(100인분)

◈ 재료

소고기 양지 3kg	국간장 300ml
마른 미역 1kg	소금 8큰술
참기름 600ml	후춧가루 1큰술
다진 마늘 300g	물 25L

◈ 만드는 방법

❶ 소고기는 찬물에 담가 핏물을 제거한다.

❷ 미역은 찬물에 담가 불린 다음 4cm 정도의 폭으로 썬다.

❸ 회전솥에 물을 끓여 소고기를 덩어리채 넣어 1시간 정도 끓인다. 육수를 25L 정도 만들고 고기는 건져 나박썰기를 한다.

❹ 회전솥에 참기름을 두르고 미역을 달달 볶고 소고기육수를 넣어 끓인다. 썰어 놓은 고기, 국간장, 다진 마늘, 소금, 후추를 넣어 한소끔 더 끓인다.

❺ 회전솥에서 배식 그릇에 나누어 담는다.

❻ 회전솥을 세척하고 주변을 정리정돈한다.

◈ 1인분 주문식 급식의 형태

❶ 소고기미역국은 미리 끓여 식힌 다음 냉장고에 보관을 한다.

❷ 주문이 들어오면 주문량만큼 냄비에 덜어 펄펄 끓인다.

❸ 급식 그릇에 담아 서비스한다.

3) 삼계탕(100인분)

◈ 재료

- 삼계탕용 닭 100마리
- 대추 200개
- 찹쌀 4kg
- 은행 1kg
- 수삼 50개
- 깐밤 100개
- 마늘 200개

　육수 : 닭뼈 20kg, 물 60L, 대파 1kg, 마늘 200g, 생강 150g, 통후추 3큰술

　양념 : 소금 100g, 후추 30g

◈ 만드는 방법

❶ 닭뼈는 찬물에 담가 핏물을 제거한다. 회전솥에 물이 끓으면 닭뼈를 데친다. 데친 닭뼈는 60L의 물에 넣어 육수를 끓인다. 이때 대파, 마늘, 생강, 통후추를 넣어 함께 끓인다. 육수는 면보에 거른다.

❷ 은행은 팬에 식용유를 두르고 소금간을 하여 새파랗게 볶아 껍질을 벗겨 놓는다.

❸ 찹쌀은 씻어 불려서 자동취반기에 찹쌀밥을 짓는다.

❹ 수삼은 깨끗하게 씻어 반으로 가른다.

❺ 삼계탕용 닭은 뱃속까지 깨끗하게 씻은 후 다리 안쪽에 칼집을 넣는다.

❻ 닭에 마늘, 밤, 찹쌀밥, 대추를 넣어 빠져 나오지 않게 칼집 사이로 다리가 서로 엇갈리도록 끼운다. 찹쌀로 넣으면 설 익는 경우가 종종 발생한다.

❼ 회전솥에 닭을 담고 육수를 부은 다음 센불에서 끓이고 한소끔 끓으면 불을 줄여 푹 무르도록 1시간 정도 삶는다.

❽ 준비된 삼계탕을 배식 그릇에 나누어 담는다.

❾ 회전솥을 세척하고 주변을 정리정돈한다.

❿ 은행, 대추 등은 배식을 하면서 같이 나누어 준다. 소금, 후추는 배식 테이블에 놓거나 식탁에 나누어 담아둔다.

◈ 1인분 주문식 급식의 형태

❶ 삼계탕은 미리 끓여 식힌 다음 냉장고에 보관을 한다. 이때는 45분 정도 끓여 식혀야 한다. 그 이유는 2차 가열 시에 삼계탕의 모양이 흩어지지 않고 맛이 좋게 유지되기 때문이다.

❷ 주문이 들어오면 주문량만큼 냄비에 덜어 펄펄 끓인다.

❸ 급식 그릇에 담고 고명을 하여 서비스한다.

4) 감자탕(100인분)

◈ 재료

- 감자 7kg
- 깻잎 1kg
- 붉은고추 500g
- 청양고추 500g
- 대파 1kg

육수 : 돼지등뼈 20kg, 물 200L, 생강 200g, 마늘 500g, 대파 1kg, 된장 500g, 청주 500ml

양념 : 식용유 500ml, 고춧가루 2컵, 청주 500ml, 간장 500ml, 소금 2컵, 다진 마늘 500g, 후춧가루 1큰술, 들깨가루 7컵

◉ 만드는 방법

❶ 감자는 껍질을 벗겨 반으로 썬다. 회전솥에 물을 끓여 감자를 삶는다.

❷ 붉은고추, 청양고추, 대파는 어슷썰기를 한다.

❸ 돼지등뼈는 찬물에 담가 핏물을 제거한다. 회전솥의 끓는 물에 뼈를 데쳐서 끓는 물에 넣어 등뼈를 푹 끓인다. 생강, 마늘, 대파, 된장, 청주를 넣어 총 1시간 이상 끓인다.

❹ 식용유를 두른 팬에 고춧가루를 넣어 볶고 청주, 간장, 소금, 마늘, 후춧가루, 들깨가루를 등뼈 육수 끓이는 회전솥에 넣어 함께 끓인다. 어슷썬 대파, 풋고추, 붉은고추를 넣고 한소끔 끓이다가 깻잎을 넣고 불을 끈다.

❺ 회전솥에 있는 감자탕을 배식 그릇에 나누어 담는다.

❻ 회전솥을 세척하고 주변을 정리정돈한다.

◉ 1인분 주문식 급식의 형태

❶ 감자탕은 미리 끓여 식힌 다음 냉장고에 보관을 한다. 이때 어슷썬 대파, 풋고추, 붉은고추, 깻잎, 감자, 들깨가루는 넣지 않는다.

❷ 주문이 들어오면 주문량만큼 냄비에 덜어 펄펄 끓인다. 어슷썬 대파, 풋고추, 붉은고추, 깻잎, 감자, 들깨가루를 넣어 끓인다. 즉석요리가 가능하다면 손님상에서 끓이며 먹으므로 채소는 신선함을 유지하는 것이 중요하며 보기 좋게 담아 내도록 한다.

6. 찌개, 전골

1) 두부된장찌개(100인분)

❤ 재료

- 두부 4kg
- 깐감자 2.5kg
- 애호박 3kg
- 붉은고추 500g
- 풋고추 500g
- 대파 700g

- 된장 1kg
- 고추장 350g
- 다진 마늘 300g
- 소금 50g
- 육수용 멸치 1kg
- 물 10L

❤ 만드는 방법

❶ 멸치는 내장을 제거한다.

❷ 두부는 4cm×3cm×0.8cm 크기로 썬다.

❸ 감자는 반으로 갈라 0.8cm 두께로 썬다.

❹ 애호박은 반으로 갈라 0.8cm 두께로 썬다.

❺ 붉은고추, 풋고추, 대파는 어슷썰기를 한다.

❻ 회전솥에 손질한 멸치를 노릇노릇하게 볶고 물을 부어 끓인다. 10~15분 끓여서 멸치를 체로 건져내고 된장, 고추장을 풀어 끓인다. 감자, 두부, 애호박, 고추를 넣어 끓이고 감자가 익으면 대파, 마늘을 넣어 끓인다.

❼ 배식 그릇에 나누어 담는다.

❽ 회전솥을 세척하고 주변을 정리정돈한다.

❤ 1인분 주문식 급식의 형태

❶ 멸치는 내장을 제거한다.

❷ 두부는 4×3×0.8cm 크기로 썰어 보관그릇에 담는다.

❸ 감자는 반으로 갈라 0.8cm 두께로 썰어 보관그릇에 담는다.

❹ 애호박은 반으로 갈라 0.8cm 두께로 썰어 보관그릇에 담는다.

❺ 붉은고추, 풋고추, 대파는 어슷썰기를 하여 보관그릇에 담는다.

❻ 육수는 끓여 식혀 냉장고에 보관한다.

❼ 뚝배기에 준비된 육수와 재료를 넣어 끓이고, 맛이 어울어지면 서비스한다.

참고

＊ 1인분씩 판매를 할 때는 상품성을 높이기 위해 꽃게, 새우, 오징어 등 해산물을 넣거나 소고기를 넣어주면 더욱 맛있는 찌개를 끓일 수 있다. 팽이버섯이나 느타리버섯, 자연송이버섯 등을 추가하여 만들기도 한다.

2) 김치찌개(100인분)

❤ 재료

- 배추김치 8kg
- 돼지고기 목살(찌개용) 3kg
- 대파 1kg
- 굵은 고춧가루 3컵
- 설탕 1컵

  육수 : 물 25L, 다시마 100g

- 간장 300ml
- 다진 마늘 50g
- 청주 400ml
- 식용유 2컵
- 참기름 2컵

❤ 만드는 방법

❶ 배추김치는 속을 털어내고 3cm 길이로 썬다.

❷ 대파는 어슷썰기를 한다.

❸ 회전솥에 물과 다시마를 넣어 물이 끓어오르면 다시마를 건진다.

❹ 회전솥을 달구고 식용유와 참기름을 부어 돼지고기를 달달 볶는다. 썰어놓은 배추김치, 굵은 고춧가루를 넣어 같이 볶는다. 육수를 넣어 끓인다. 설탕, 간장, 다진 마늘, 청주, 대파를 넣어 끓인다.

❺ 김치찌개를 배식 그릇에 나누어 담는다.

❻ 회전솥을 세척하고 주변을 정리정돈한다.

> **참고**
>
> * 김치찌개에는 떡국떡, 팽이버섯, 두부, 만두 등을 곁들여 끓여도 좋다.

❤ 1인분 주문식 급식의 형태

❶ 김치찌개는 끓여서 식힌 다음 냉장고에 넣어 둔다.

❷ 주문이 들어오면 냄비나 뚝배기에 김치찌개를 덜어 담고 끓인다.

❸ 떡국떡, 팽이버섯, 두부, 만두 등을 곁들여 끓여도 좋다.

3) 꽃게찌개(100인분)

❤ 재료

- 절단 꽃게 10kg
- 무 10kg
- 풋고추 500g
- 대파 1kg
- 미나리 1.5kg
- 쑥갓 1.5kg

• 붉은고추 300g · 물 10L

양념 : 된장 1.5kg, 고추장 1.5kg, 고춧가루 3컵, 다진 대파 2컵, 다진 마늘 500g, 생강즙 50g, 소금 1/2컵, 후춧가루 1큰술

만드는 방법

❶ 절단 꽃게는 물에 헹궈 바구니에 담는다.

❷ 무는 나박썰기 한다.

❸ 풋고추, 붉은고추, 대파는 어슷썰기를 한다.

❹ 미나리는 잎을 제거하고 5cm 길이로 썬다.

❺ 쑥갓은 손질하여 5cm 정도로 썬다.

❻ 회전솥에 물, 된장, 고추장, 고춧가루, 대파, 마늘, 생강즙, 소금, 후춧가루를 넣어 끓인다. 무를 넣어 끓인다. 무가 익으면 꽃게를 넣어 끓이고 풋고추, 붉은고추, 대파, 미나리를 넣어 끓인다. 불을 끄고 쑥갓을 넣는다.

❼ 회전솥의 꽃게찌개는 배식 그릇에 나누어 담는다.

❽ 회전솥을 세척하고 주변을 정리정돈한다.

1인분 주문식 급식의 형태

❶ 절단 꽃게는 물에 헹궈 얼음물에 담가 보관그릇에 담는다.

❷ 무는 나박썰기를 하여 보관그릇에 담는다.

❸ 풋고추, 붉은고추, 대파는 어슷썰기를 하여 각각 보관그릇에 담는다.

❹ 미나리는 잎을 제거하고 5cm 길이로 썰어 보관그릇에 담는다.

❺ 쑥갓은 손질하여 5cm 정도로 썰어 보관그릇에 담는다.

❻ 육수를 끓여 차게 식혀 냉장고에 보관한다.

❼ 냄비에 육수를 넣어 끓이고, 무를 넣어 끓인다. 무가 익으면 꽃게를 넣고 한소

끔 끓인다. 풋고추, 붉은고추, 대파, 미나리를 넣어 끓인다. 불을 끄고 쑥갓을 넣어 즉시 서비스한다.

4) 순두부찌개(100인분)

❷ 재료

- 순두부 10kg
- 바지락 5kg
- 생굴 5kg
- 소금

- 대파 1kg
- 물 30L
- 다시마 500g

  양념 : 국간장 300ml, 소금 1/2컵, 고춧가루 3컵, 다진 마늘 50g, 참기름 1컵

❷ 만드는 방법

❶ 바지락은 소금물에 담가 해감을 한다.

❷ 생굴은 소금물에 흔들어 씻는다.

❸ 대파는 어슷썰기를 한다.

❹ 회전솥에 다시마를 넣어 물이 끓으면 다시마를 건진다. 바지락을 넣고 끓여 바지락이 입을 벌리면 국물에 흔들어 씻어 육수는 면보에 거른다.

❺ 회전솥에 육수를 담고 국간장, 소금, 고춧가루, 마늘, 참기름을 넣어 끓인다. 순두부를 넣어 끓인다. 굴, 삶은 바지락, 대파를 넣어 끓인다. 소금으로 간을 한다.

❻ 회전솥에서 배식 그릇에 나누어 담는다.

❼ 회전솥을 세척하고 주변을 정리정돈한다.

⊗ 1인분 주문식 급식의 형태

❶ 바지락은 소금물에 담가 해감을 하여 보관그릇에 담는다.

❷ 생굴은 소금물에 흔들어 씻어 얼음물에 담가 보관한다.

❸ 대파는 어슷썰기를 하여 보관그릇에 담는다.

❹ 육수를 끓여 차게 식힌 다음 냉장고에 보관한다.

❺ 주문이 들어오면 냄비나 뚝배기에 육수를 담고 국간장, 소금, 고춧가루, 마늘, 참기름을 넣어 끓인다. 순두부를 넣어 끓인다. 굴, 삶은 바지락, 대파를 넣어 끓인다. 소금으로 간을 하여 끓는 상태로 서비스한다.

7. 구이

1) 맥적(100인분)

⊗ 재료

- 돼지고기 목살(1cm slice) 10kg
- 부추 100g

  양념 : 된장 350g, 물 350g, 국간장 700ml, 청주 400ml, 다진 마늘 300g, 생강 50g, 물엿 300g, 설탕 200g, 참기름 150ml, 참깨 1컵, 후춧가루 1큰술

⊗ 만드는 방법

❶ 돼지고기는 잔 칼집이 들어간 것으로 구매를 한다.

❷ 부추는 씻어 물기를 제거하고 송송 썬다.

❸ 된장, 물, 국간장, 청주, 마늘, 생강, 물엿, 설탕, 참기름, 참깨, 후춧가루를 믹싱볼에 담아 돼지고기와 버무린다.

❹ 오븐팬에 양념된 돼지고기를 한겹으로 고기를 펴서 담는다. 예열된 오븐에 앞뒤로 굽는다. 구워진 돼지고기는 배식 그릇에 나누어 담고 부추를 뿌려둔다.

❺ 오븐팬과 오븐을 세척한다. 주위를 정리정돈한다.

✅ 1인분 주문식 급식의 형태

❶ 돼지고기는 잔 칼집이 들어간 것으로 구매를 한다.

❷ 부추는 씻어 물기를 제거하고 송송 썰어 보관그릇에 담는다.

❸ 된장, 물, 국간장, 청주, 마늘, 생강, 물엿, 설탕, 참기름, 참깨, 후춧가루를 믹싱볼
에 담아 돼지고기와 버무려 보관그릇에 담아 냉장고에 보관한다.

❹ 주문이 들어오면 오븐팬에 양념된 돼지고기를 한겹으로 고기를 펴서 담는다.
예열된 오븐에 앞뒤로 굽거나, 달구어진 그릴, 프라이팬에 굽기도 한다. 이 선택
은 업장의 환경 및 주문량에 따라 조리법을 선택한다.

❺ 구워진 돼지고기는 배식 그릇에 나누어 담는다. 부추 썬 것을 고명으로 올려 서
비스한다.

2) LA갈비(100인분)

✅ 재료

• LA갈비(1cm slice) 15kg

양념 : 간장 1.2L, 설탕 600g, 물엿 600g, 다진 대파 5컵, 다진 마늘 2컵, 참깨 1컵,
참기름 300ml, 후춧가루 2큰술, 배즙 3컵, 양파즙 3컵, 청주 2컵, 물 7L

✅ 만드는 방법

❶ LA갈비는 찬물에 헹궈 바구니에 담아 물기를 뺀다.

❷ 믹싱볼에 간장, 설탕, 물엿, 대파, 마늘, 참깨, 참기름, 후춧가루, 배즙, 양파즙, 청
주, 물을 섞어 양념장을 만든다.

❸ 양념장에 LA갈비를 넣어 양념이 되도록 한다.

❹ 오븐을 예열하여 갈비를 오븐팬에 한겹으로 깔아 앞뒤로 굽는다.

❺ 구워진 갈비는 배식 그릇에 나누어 담는다.

❻ 믹싱볼, 오븐팬, 오븐을 세척한다. 주변을 정리정돈한다.

❤ 1인분 주문식 급식의 형태

❶ LA갈비는 찬물에 헹궈 바구니에 담아 물기를 뺀다.

❷ 믹싱볼에 간장, 설탕, 물엿, 대파, 마늘, 참깨, 참기름, 후춧가루, 배즙, 양파즙, 청주, 물을 섞어 양념장을 만든다.

❸ 양념장에 LA갈비를 넣어 양념이 되도록 한다.

❹ 주문이 들어오면 예열된 오븐에 갈비를 앞뒤로 굽는다. 또는 그릴이나 팬에 굽기도 한다.

❺ 구워진 갈비는 배식 그릇에 나누어 담는다. 고명은 상황에 따라 다양하게 선택을 한다. 잣가루, 땅콩가루, 참깨 등이 주로 사용된다.

3) 자반고등어구이(100인분)

❤ 재료

- 자반고등어 50마리
- 식용유 3컵

❤ 만드는 방법

❶ 자반고등어는 물에 헹궈 물기를 제거한다.

❷ 오븐팬에 고등어를 한겹으로 나란히 담는다.

❸ 오븐을 예열하여 고등어를 굽는다.

❹ 구워진 고등어는 배식 그릇에 담는다.

❺ 오븐팬, 오븐을 세척한다. 주변을 정리정돈한다.

⊗ 1인분 주문식 급식의 형태

❶ 자반고등어는 주문량과 주방설비에 따라 오븐에 굽거나 살라만더에 굽는다.

❷ 단시간에 많은 양을 서비스해야 한다면 오븐을 이용해 한꺼번에 구워 놓고 급식을 하기도 하지만 한두 개씩 소량으로 주문이 들어온다면 살라만더에 굽는다. 생선구이는 보통 15~20분 정도 소요된다.

❸ 주문을 받는 사람은 조리시간을 손님에게 인지시키는 것이 중요하다.

8. 면류

1) 김치국수(100인분)

⊗ 재료

- 소면 10kg,
- 식용유 1컵
- 배추김치 10kg(배추김칫국 2.4L)
- 통깨 2컵
  육수 : 마른 멸치 3kg, 물 25L

- 쪽파 500g
- 설탕 1kg
- 식초 5L
- 소금 1컵

만드는 방법

❶ 배추김치는 속을 털어내고 송송썬다.

❷ 배추김치 국물을 체에 걸러 2.4L를 만든다.

❸ 쪽파는 송송썬다.

❹ 마른 멸치는 내장을 제거한다.

❺ 회전솥에 멸치를 볶아 물을 넣고 끓여 체에 거른다. 육수를 냉각기나 얼음물에 담가 빨리 식힌 다음 김칫국, 설탕, 식초, 소금, 통깨를 넣어 잘 섞어 육수를 만든다. 배식 그릇에 나누어 담는다.

❻ 회전솥에 물이 끓으면 식용유와 소면을 넣어 끓인다. 물이 끓어오르면 찬물을 넣어 끓이고 다시 끓어오르면 다시 끓여 찬물에 헹군다. 1인분씩 사리를 만들어 바구니에 담는다. 이때 국수는 한꺼번에 전부를 삶지 말고 조금씩 배식되는 양을 보며 삶아야 쫄깃한 국수를 배식할 수 있다.

❼ 회전솥, 바구니 등을 세척하고 주변을 정리정돈한다.

❽ 배식기에 국수 1인분의 사리를 담고 송송 썰은 배추, 쪽파를 얹고 육수를 끼얹어 배식한다.

1인분 주문식 급식의 형태

❶ 배추김치는 속을 털어내고 송송썰어 보관그릇에 담는다.

❷ 배추김치 국물을 체에 걸러 2.4L를 만들어 보관그릇에 담는다.

❸ 쪽파는 송송썰어 보관그릇에 담는다.

❹ 마른 멸치로 육수를 끓이고 김칫국, 설탕, 식초, 소금을 넣어 보관그릇에 담아 냉장고에 넣어 둔다.

❺ 주문이 들어오면 냄비에 국수를 삶는다. 1인분씩 사리를 만들어 그릇에 담는다.

❻ 배식기에 국수 1인분의 사리를 담고 송송썰은 배추, 쪽파를 얹고 육수를 끼얹어 배식한다.

2) 국수장국(100인분)

✅ 재료

- 소면 10kg
- 소고기 채 썰은 것 2kg
- 호박 3kg
- 당근 1kg
- 달걀 30개
- 식용유 500ml
- 다진 마늘 50g
- 소금 5큰술

장국육수 : 국물용 멸치 500g, 다시마 200g, 통생강 100g, 통마늘 200g, 대파 1kg, 무 2kg, 물 30L

면삶기 : 식용유 1컵

고기양념 : 간장 1컵, 설탕 1/2컵, 물엿 1/2컵, 다진 대파 100g, 다진 마늘 50g, 참기름 5큰술, 참깨 5큰술, 후춧가루 2작은술

장국양념 : 국간장 250ml, 소금 200g, 후춧가루 1큰술

✅ 만드는 방법

❶ 소고기는 간장, 설탕, 물엿, 다진 대파, 다진 마늘, 참기름, 참깨, 후춧가루를 넣어 양념하고 회전솥에 볶아 그릇에 담는다.

❷ 호박, 당근은 채 썰고 다진 마늘, 소금으로 간을 하여 회전솥에서 각각 볶아 그릇에 담는다.

❸ 믹싱볼에 달걀을 깨고 위퍼로 저어준다. 소금간을 한 다음 달구어진 프라이팬에 식용유를 두르고 지단을 부쳐 5cm 길이로 채를 썬다. 그릇에 담는다.

❹ 멸치는 내장을 다듬고 생강은 편으로 썰고 무도 2cm 두께로 썬다.

❺ 회전솥에 찬물, 다시마를 넣어 물이 끓으면 다시마를 건지고 볶은 멸치를 넣어 15분 정도 끓여 건져내고 생강, 마늘, 대파, 무를 넣어 30분 정도 끓인다. 체로 채소를 건지고 국간장, 소금, 후추를 하여 간을 한다. 배식 그릇에 담는다. 회전솥을 세척한다. 육수는 낮은 가스렌지에 살살 끓이면서 배식하기도 한다.

❻ 회전솥에 물이 끓으면 식용유와 소면을 넣어 끓인다. 물이 끓어오르면 찬물을 넣어 끓이고 다시 끓어오르면 다시 끓여 찬물에 헹군다. 1인분씩 사리를 만들어 바구니에 담는다. 이때 국수는 한꺼번에 전부를 삶지 말고 조금씩 배식되는 양을 보며 삶아야 쫄깃한 국수를 배식할 수 있다.

❼ 회전솥, 바구니 등을 세척하고 주변을 정리정돈한다.

❽ 배식기에 국수 1인분의 사리를 담고 호박, 당근, 달걀을 얹고 육수를 끼얹어 배식한다.

❤ 1인분 주문식 급식의 형태

❶ 소고기는 간장, 설탕, 물엿, 다진 대파, 다진 마늘, 참기름, 참깨, 후춧가루를 넣어 양념하고 회전솥에 볶아 보관그릇에 담는다.

❷ 호박, 당근은 채 썰고 다진 마늘, 소금으로 간을 하여 회전솥에서 각각 볶아 보관그릇에 담는다.

❸ 믹싱볼에 달걀을 깨고 위퍼로 저어준다. 소금간을 한 다음 달구어진 프라이팬에 식용유를 두르고 지단을 부쳐 5cm 길이로 채를 썬다. 보관그릇에 담는다.

❹ 육수를 끓여 차게 식힌 다음 보관그릇에 담는다.

❺ 주문이 들어오면 국수를 삶아 1인분씩 사리를 만들어 배식 그릇에 담고 뜨거운 육수와 고명을 곁들여 서비스한다.

3) 떡국(100인분)

⊘ 재료

- 떡국용 떡 12kg
- 소고기 양지 4kg
- 다진 소고기 1kg
- 달걀 30개
- 대파 1kg
- 김가루 200g
- 식용유 400ml
- 소금 약간

육수용채소 : 마늘 200g, 대파 300g, 통후추 1큰술

고기양념 : 간장 1/2컵, 설탕 1/4컵, 물엿 1/4컵, 다진 대파 500g, 다진 마늘 30g,
참기름 3큰술, 참깨 2큰술, 후춧가루 1작은술

육수양념 : 다진 마늘 50g, 국간장 250ml, 소금 200g, 후춧가루 1큰술

⊘ 만드는 방법

❶ 떡국용 떡은 찬물에 헹군다.

❷ 소고기 양지는 찬물에 담가 핏물을 제거한다. 회전솥에 물이 끓으면 데쳐내어
끓는 물에 넣어 끓인다. 마늘, 대파, 통후추를 넣어 1시간 끓인다. 고기는 건지고
국물은 고운체에 걸러 다진 마늘 국간장, 소금, 후춧가루로 간을 한다.
고기는 먹기 좋은 크기로 썰어 육수에 다시 넣어 한소끔 함께 끓여 그릇에 나누
어 담는다.

❸ 다진 소고기는 핏물을 제거하고 간장, 설탕, 물엿, 다진 대파, 다진 마늘, 참기름,
참깨, 후춧가루를 넣어 양념하고 팬에 식용유를 두르고 볶아 그릇에 담아둔다.

❹ 믹싱볼에 달걀을 깨어 풀어 소금간을 한다. 달구어진 팬에 식용유를 두르고 지
단을 부치고 5cm 길이로 썬다.

❺ 대파는 손질하여 어슷썰기를 한다.

❻ 육수를 회전솥에 적당량 덜어 넣고 떡국을 넣어 끓인다. 대파를 넣어 한소끔 더 끓인다. 떡국은 배식인원의 흐름에 따라 조금씩 끓인다.

❼ 회전솥을 세척하고 주변을 정리정돈한다.

❽ 배식기에 떡국을 배식국자로 담고 소고기, 지단, 김가루를 얹어 배식한다.

◈ 1인분 주문식 급식의 형태

❶ 떡국용 떡은 찬물에 헹궈 보관그릇에 담는다.

❷ 소고기 양지는 1시간 끓여 육수를 내고, 고기는 건져 먹기 좋게 썬다. 보관그릇에 각각 담는다.

❸ 다진 소고기는 핏물을 제거하고 간장, 설탕, 물엿, 다진 대파, 다진 마늘, 참기름, 참깨, 후춧가루를 넣어 양념하고 팬에 식용유를 두르고 볶아 보관그릇에 담아 둔다.

❹ 믹싱볼에 달걀을 깨어 풀어 소금간을 한다. 달구어진 팬에 식용유를 두르고 지단을 부치고 5cm 길이로 썰어 보관그릇에 담아둔다.

❺ 대파는 손질하여 어슷썰기를 하고 보관그릇에 담아둔다.

❻ 주문이 들어면 냄비에 주문량만큼 육수를 덜어 넣고 떡국을 넣어 끓인다. 대파를 넣어 한소끔 더 끓인다.

❼ 배식기에 떡국을 배식국자로 담고 소고기, 지단, 김가루를 얹어 서비스한다.

9. 찜

1) 소갈비찜(100인분)

◉ 재료

- 찜용 소갈비(slice 2cm) 40kg
- 무 3kg
- 당근 3kg
- 깐밤 100개
- 대추 200개
- 소금 2큰술
- 물 15L

    양념 : 간장 3L, 설탕 7½컵, 물엿 7½컵, 배즙 1L, 청주 3컵, 다진 대파 500g, 다진 마늘 300g, 참기름 2컵, 참깨 1컵, 후춧가루 2큰술

◉ 만드는 방법

❶ 소갈비는 찬물에 담가 핏물을 제거한다.

❷ 무, 당근은 2×2cm 크기로 썬다. 회전솥에 물을 끓여 소금을 넣고 무, 당근을 삶아둔다.

❸ 회전솥에 물을 끓여 소갈비를 데친다.

❹ 회전솥에 다시 물을 받아 물이 끓으면 데친 소갈비를 넣어 30분 끓인다. 위에 뜨는 기름과 불순물을 수시로 제거한다. 간장, 설탕, 물엿, 배즙, 청주, 다진 대파, 다진 마늘, 참기름, 참깨, 후춧가루를 넣어 양념을 한다. 30분 정도 더 끓이고 준비해 놓은 무, 당근, 밤, 대추를 넣어 20분 정도 더 끓인다. 배식 그릇에 나누어 담는다.

❺ 회전솥을 세척하고 주변을 정리정돈한다.

> **참고**
>
> * 돼지갈비찜도 같은 방법으로 하고 양념에 생강즙을 추가하여 만든다.

◈ 1인분 주문식 급식의 형태

❶ 소갈비찜은 만들어 식힌 다음 보관그릇에 담아 냉장고에 보관한다.

❷ 주문이 들어오면 냄비에 덜어 담아 끓인다. 고명을 골고루 넣어 끓인다.

❸ 서비스 그릇에 옮겨 담아 급식이 되도록 한다.

2) 꽈리고추찜(100인분)

◈ 재료

• 꽈리고추 4kg   • 밀가루 9컵

양념 : 간장 500ml, 설탕 4컵, 다진 대파 4컵, 다진 마늘 2컵, 참기름 800ml,

참깨 2컵, 후춧가루 1큰술, 굵은 고춧가루 3컵~4컵

◈ 만드는 방법

❶ 꽈리고추는 꼭지를 따고 씻는다. 바구니에 건져 물기를 뺀다.

❷ 꽈리고추에 밀가루를 버무린다.

❸ 구멍이 뚫린 바트에 꽈리고추를 나누어 담는다.

❹ 콤비네이션 오븐에 스팀으로 8분 시간을 맞추고 소리가 울리면 바로 문을 열어 찬 곳에서 식힌다. 계속 놔두면 내열에 의해 over cooking 되어 색이 누렇게 변한다.

❺ 믹싱볼에 꽈리고추를 담고 그 위에 간장, 설탕, 대파, 마늘, 참기름, 참깨, 후춧가루, 고춧가루를 고루 뿌려서 살살 버무린다.

❻ 완성된 꽈리고추찜은 배식 그릇에 담는다.

❼ 믹싱볼을 세척하고 주변을 정리정돈한다.

❤ 1인분 주문식 급식의 형태

❶ 꽈리고추찜은 만들어 식힌 다음 보관그릇에 담아 냉장고에 보관한다.

❷ 주문이 들어오면 급식그릇에 담아 서비스한다.

3) 북어찜(100인분)

❤ 재료

- 북어포(반을 갈라 말린 껍질 있는 것 40g) 50마리   • 대파 500g

- 실고추 30g   • 물 4L

   양념 : 진간장 1L, 설탕 3컵, 물엿 3컵, 청주 3컵, 다진 마늘 300g, 생강즙 100g,

       후춧가루 1큰술, 참기름 300ml

❤ 만드는 방법

❶ 북어포는 머리를 떼고 찬물에 잠깐 불려 지느러미, 뼈를 제거한다. 칼집을 내고 6cm 길이로 썬다.

❷ 실고추는 2cm 길이로 썬다.

❸ 대파는 어슷썰기를 얇게 한다.

❹ 회전솥에 물, 진간장, 설탕, 물엿, 청주, 마늘, 생강즙, 후춧가루, 참기름을 넣어 끓으면 손질 된 북어를 넣어 끓인다. 끓기 시작하면 약불에서 끓인다. 양념이 자작해지면 실고추, 대파를 얹고 잠시 뜸들이듯 국물을 끼얹는다.

❺ 북어찜을 배식 그릇에 나누어 담는다.

❻ 회전솥을 세척하고 주변을 정리정돈한다.

1인분 주문식 급식의 형태

❶ 북어포는 머리를 떼고 지느러미, 뼈를 제거한다. 칼집을 내고 6cm 길이로 썰어 1인분씩 포장을 한다.

❷ 실고추는 2cm 길이로 썰어 보관용기에 담는다.

❸ 대파는 어슷썰기를 얇게 하여 보관용기에 담는다.

❹ 양념소스를 만들어 보관용기에 담는다.

❺ 주문이 들어오면 손질된 북어를 찬물에 잠깐 불린다.

❻ 냄비에 양념장을 넣고 손질한 북어를 넣어 끓기 시작하면 약불에서 끓인다. 양념이 자작해지면 실고추, 대파를 얹고 잠시 뜸들이듯 국물을 끼얹는다.

❼ 북어찜을 배식 그릇에 담아 서비스한다.

4) 달걀찜(100인분)

재료

- 달걀 100개
- 새우젓 800g
- 실파 1kg
- 당근 1kg
- 참깨 2컵
- 소금 100g

만드는 방법

❶ 새우젓은 곱게 다져 국물만 준비한다.

❷ 실파는 송송썬다.

❸ 당근은 껍질을 벗기고 0.2×0.2cm 크기로 썬다.

❹ 달걀은 믹싱볼에 깨서 잘 풀어 체에 내린다. 달걀 부피만큼의 물을 2배 섞어 체

에 내려 거품을 없앤다. 새우젓, 소금을 간을 하고 준비된 실파, 당근, 참깨를 섞어 오븐용기에 나누어 담는다.

❺ 콤비네이션 오븐에 넣어 10분을 스팀으로 찐다.

❻ 다 된 달걀찜은 칼집을 내어 배식 준비 테이블에 가져다 놓는다.

❼ 오븐과 주변을 정리정돈한다.

1인분 주문식 급식의 형태

❶ 주문이 들어오면 1인분의 제공할 양을 그릇에 담아 오븐용기에 담은 다음 오븐에서 스팀으로 쪄낸다.

❷ 달걀찜은 한꺼번에 여러 개를 쪄 두고 배식을 하는 경우가 많다. 급식 인원에 따라 시간에 따라 수량조절을 한다. 하지만 고급급식의 경우는 1개씩 찜기에 찌기도 한다.

08

단체급식의
원가관리

 원가관리

1. 원가개념

원가란 제조, 판매, 서비스의 제공을 하기 위해서 소비된 경제가치로 급식대상자에게 제공하기 위해 소비된 경제적 가치를 말한다.

고객에게 급식을 하는 것은 식재료를 구입해야 하고 조리하는 조리사 및 종업원에게 노무비를 지급해야 하며 그 외의 관리에도 비용이 발생되며 급식단가의 결정은 각 급식마다 다르기는 하나 일반적으로 수도광열비, 소모품비, 감가상각비, 수선유지비 등이 포함된다.

감가상각비란 시설에서 구입한 기기들이 구입연도가 지남에 따라 감소되는 가치를 연도에 따라 할당함으로써 감소되는 금액에 해당하는 것이다.

2. 원가구성

원가는 일반 형태적으로 보면 재료비, 노무비, 경비로 크게 구성되고, 이를 원가의 3요소라고 한다.

1) 재료비

재료비는 제품을 제조하기 위해 소비되는 물품의 원가로서 급식생산을 위해 구매한 모든 식재료이다. 쌀, 면류, 빵류, 양념류, 채소, 생선, 고기, 김치, 우유, 과일 등이 포함된다.

2) 노무비

노무비는 제품을 제조하기 위해 소비된 노동의 가치로 임금, 급료, 각종수당, 상여금, 퇴직금, 복리후생비 등이 포함된다. 급식 현장에서 일하는 사람의 노무비와 지원 업무를 하는 사람의 인건비도 모두 포함된다.

3) 경비

경비는 재료비와 노무비를 제외한 나머지 발생되는 모든 비용을 말한다. 수도광열비, 소모품비, 감가상각비, 수선유지비 등의 비용이 포함된다.

- 시설사용료 : 급식시설의 사용에 대해 지불해야 하는 비용으로 건물, 설비, 기기류, 청소비 등
- 수도광열비 : 가스, 전기, 수도, 연료비
- 소모품비 : 세제, 문구, 식기, 집기, 휴지 등
- 관리비 : 간접경비, 광고선전비, 위탁급식의 경우는 본사 관리비 등
- 위생비 : 건강진단, 위생검사, 세탁비 등
- 기타 : 여비교통비, 통신비, 회의비, 교육훈련비 등

② 원가계산

- 직접원가(기초원가) = 직접노무비 + 직접재료비 + 직접경비
- 제조원가(상품원가) = 직접원가 + 제조간접비(간접재료비, 간접노무비, 간접경비)

- 총원가 = 일반 관리비 + 판매간접비 + 판매직접비 + 제조원가
- 판매가격 = 총원가 + 이익

 조리사 역할

1. 재료관리

　조리사는 주어진 메뉴에 해당하는 식재료를 선택하여 깨끗하게 씻고, 음식에 맞는 썰기를 하고, 음식을 익히는 정도를 잘 체크하며 양념을 잘하여 간을 잘 봐야 한다. 음식을 만드는 과정에서 실수가 발생이 된다면 그 음식은 배식에 사용될 수 없기 때문에 손실이 발생된다. 현장에서 일을 하다보면 조리사들이 음식을 하고 간을 안보는 경우들도 가끔은 볼 수 있는데 절대로 음식은 만들 때 배식하기 직전 두 번은 체크하여야 한다.

　매일 조리사는 냉장고, 냉동고, 식품창고 등의 유통기간과 보관상태를 확인하여 재료의 손실을 막아야 하고 적당량만 주문하여 사용한다. 재고는 최소량만 가지고 있어야 하며 변수에 대한 준비를 해야 한다.

2. 인건비관리

　조리사는 책임자가 되면 급식인원과 메뉴에 따른 근무자의 근무인원을 결정하여 월차, 연차 등 탄력적 근무표를 작성한다. 년간, 월간, 주간 계획을 세운다. 근무하는 인원이 업무에 지장이 없어야 하며 잉여 인원이 없도록 조정해야 한다. 주방규모, 업무에 따라 직급별 채용해야 할 인원수를 정한다.

3. 경비

조리사는 업무하는 동안에 위생복에 오염이 되지 않도록 업무방법을 개선하여 깨끗한 복장을 유지하여야 한다. 근무 중 음식물 등 오염이 발생되면 즉시 옷을 바꿔 입어야 한다.

호텔이나 리조트 등 큰 업체에서는 조리복을 세탁 관리하여 주기 때문에 경비에 포함되지만 일반업소의 경우는 각자 개인이 준비하고 관리하는 곳들이 아직도 많기 때문에 업장별 관리비용이 달라질 수 있다. 또한 종이모자, 스카프, 조리화는 업장 상황에 따른 관리 품목이 된다.

09

단체급식의
표준레시피
관리

단체급식에서 표준레시피는 중요한 업무지시서이다. 각기 다른 급식소마다의 식수에 따른 음식섭취 정도를 파악하여 계획된 음식조리를 해야 하기 때문에 기본적인 대량조리 레시피는 단체급식소의 상황에 맞게 재조정되어야 한다.

연령, 직업(노동의 강도),식습관, 남녀, 식사시간(아침, 점심, 저녁) 등에 따라 준비해야 할 음식량을 결정해야 한다.

① 시장조사

마트, 시장, 인터넷 등을 조사하여 재료의 가격을 알아본다.

② 메뉴구성

급식대상자에 적합하도록 메뉴를 구성한다.

③ 식판에 담아보기

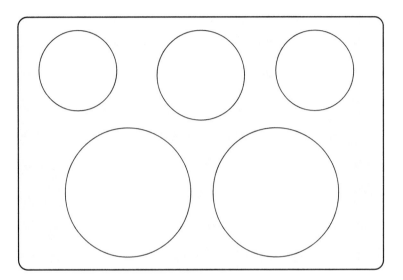

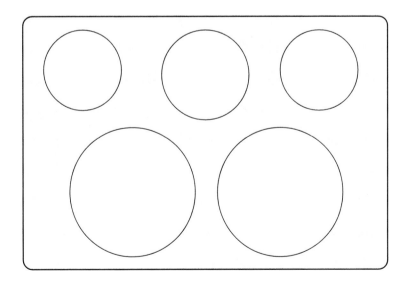

4 레시피 만들기

표준레시피

메뉴명		인분	
		총생산량	
		사용조리도구	
		조리시간	
		열량(kcal)	

재료명	재료량	만드는 방법
조리 유의사항		

⑤ 조리하기

 작업일정표

메뉴명	작업자(이름)	작업내용	작업 시작 시간	작업 끝난 시간

⑥ 단체급식의 조리사 업무

조리사는 뷔페 레스토랑의 경우 정해진 식사 시간 전에 모든 음식을 세팅한다. 음식이름표가 맞게 놓아졌는지 체크를 하고 주변이 청결한지 확인하고 정리정돈한다.

따뜻한 음식은 65~70℃를 유지하도록 하고 찬음식은 얼음을 깔고 놓거나 그릇을 차게 하여 음식을 담아 놓기도 한다.

조리사는 오픈이 된 주방에서 조리를 하며 손님들이 섭취하게 되는 양에 따라 추가음식을 만들어 정갈하게 그릇에 담는다. 시간을 체크하여 추가음식의 양을 조절하며 많은 음식이 남아 버려지는 일이 없도록 양을 조절한다.

조리사는 손님이 주문을 하면 주문 즉시 음식을 만들어 서비스를 한다. 음식의 재료들이 보이고 조리사의 업무가 모두 공개되기 때문에 개인위생 및 만드는 과정 모두가 위생적으로 안전해야 하며 절제된 행동으로 움직이며 근무를 해야 하며 손님들이 물어보는 많은 것들에 대해 밝은 목소리로 응대를 하여야 한다.

조리사는 주방에서 근무를 하는 중간중간에 홀에 음식이 얼마나 있는지 체크하여 손님들에게 부족한 음식이 없도록 하고 맛있는 음식을 먹을 수 있도록 신선한 음식을 채워주어야 하며 주변정리를 하여야 한다. 홀에 나와 체크를 하는 조리사는 특히 위생복에 신경을 써서 오염된 조리복은 갈아입도록 하여야 한다.

조리사는 시간이 오래 걸리는 음식의 경우 애벌구이를 해서 준비하여 두고 주문이 들어오면 다시 한 번 조리하여 서비스 시간을 단축하며 질 좋은 음식을 서비스하도록 해야 한다.

조리사는 음식을 만들어 1인분씩 그릇에 담고 급식자의 급식메뉴에 따라 상차림을 구성한다.

기내식을 준비하는 조리사는 비행기마다 요구되는 메뉴에 따라 음식을 준비하고 그램을 달아 기내식 용기에 담는다. 비행기 시간에 따라 간편식이 준비되기도 하고 한 번 또는 두 번의 기내식을 섭취하게 되며 간식이 중간에 제공되기도 한다.

기내식도 계절별, 나라별, 특이식 등 다양하게 준비되어 있으며 비행기티켓의 금액에 따라 다양하게 메뉴가 구성된다.

기내식은 비행을 해야 하는 특성이 있기 때문에 특별히 위생적 조리에 신경을 써야 하며 조리하여 그릇에 담아 포장하고 운반하는 모든 과정을 체계적으로 안전하게 조리하고 관리되어야 한다.

포장되는 그릇도 비행기마다 특색이 있으며 다르기 때문에 음식을 담기 전 메뉴와 포장그릇을 꼭 체크하여 바뀌는 일이 없도록 하여야 한다.

더운 음식은 비행기에서 승무원에 의해 따뜻하게 만들어지며 비즈니스클래스 이상의 경우에 나오는 메뉴인 주문식 스테이크는 승무원이 구워 서비스를 하게 된다. 비행기의 기내식이지만 손님들의 고기 익힘 정도를 승무원은 주문받아 조리하게 된다.